수학으로 고민하는 초등 부모를 위한

수학머리
공부법

수학으로 고민하는 초등 부모를 위한

Ask Math
수다학

●● YTN science 최고의 화제작

수학머리 공부법

YTN 사이언스 지음

미처 몰랐던 수학의 새로운 매력과 즐거움을 발견한다

수학에 대한 애증은 사람마다 다르게 표현된다. 수학 문제를 반복해서 푸는 연습에 지쳤다? 부모 세대는 수학을 몰라도 살아가는 데 아무런 지장이 없었다?

하지만 수학은 사유의 방식을 배우는 과목이다. 주어진 자료로부터 논리적 추론 과정을 거쳐 결론을 끄집어내는 것은 설득의 가장 강력한 방식이기도 하다. 일자리의 탄생과 소멸이 빈번한 미래 세상에서는 이런 생각의 기술을 갖춘 사람들이 새로운 분야의 일도 쉽게 배우고 능력을 발휘하게 된다. 이전에 미처 몰랐던 수학의 새로운 매력과 즐거움을 이 책을 통해서 발견하길 바란다.

박형주 아주대 총장

누구나 태어나 한 번쯤은 수학이라는 엄청난 모험을 경험하게 된다. 덧셈뺄셈이라는 오솔길을 지나 구구단의 숲을 헤치고 도형의 산맥을 넘어 함수의 바다에 빠지고 미분과 적분의 저주를 풀기 위해 고군분투한다. 늘 지는 게임이라고 느끼게 되는 순간 〈수다학〉은 백마 탄 왕자나 저주로부터 구해줄 공주님 같은 존재다. 공부에 왕도가 없듯 이 책이 수학천재로 만들어줄 수는 없어도 수학이란 모험의 길을 조금은 쉽게, 외롭지 않게 도와줄 든든한 친구가 될 것이다.

지승현 수다학 MC

아이들 수학을 어떻게 지도해야 할지 궁금해 하시는 분들이 정말 많다. 더불어 걱정도 많이 하신다. 학원을 보내야 한다는 둥 선행 학습을 해야 한다는 둥 가만히 있어도 들리는 말들에 점점 근심이 쌓인다. 나는 부모로서 잘 하고 있는 걸까, 시기를 놓쳐서 내 아이 수학에 문제가 생기면 어쩌지, 하는 걱정에 이 책 저 책을 찾아보기도 하고 주변 사람들에게 물어보기도 한다. 〈수다학〉은 이런 부모들에게 해결책이자 안내자 역할을 해왔다. 그런데 책으로 출간된다는 소식에 전문가 패널로 함께 참여했던 한 사람으로서 무척 기뻤다.

정보의 홍수 속에서 이게 맞는지 저게 맞는지 헷갈릴 때가 많다. 저 아이는 이렇지만 우리 아이는 이런데, 저 해법이 맞을까라는 걱정이 들 수도 있다. 하지만 그동안 방송된 다양한 사례가 이런 걱정들을 다소나마 덜어줄 것이다. 다양한 상황 속, 다양한 아이들에 대한 특별한 해법을 읽다 보면 우리 아이와 나에게 맞는 방법을 찾을 수 있으며 수학교육에 대한 자신의 생각과 철학이 바로 설 수 있다.

방송을 통해 많은 해법을 제시했지만, 사실 아이의 지도는 방법과 이론을 넘어선 실천이 더 중요한 경우가 많다. 그래서 부모의 가치관이 정말 중요하다. 방향은 알고 있지만 일관성 있게 지도하기 힘든 부분이 많다는 것 또한 많은 부모들이 잘 알고 있다. 책에 담긴 다양한 사례와 해법들이 부모들의 현실적인 수학교육에 명쾌한 해답을 주리라 확신한다. 아이를 지도하며 힘들거나 방향을 잃었을 때 펼쳐보며 마음을 다지는 책이 되길 바란다.

김세식 풍생고 교사

〈수다학〉은 21세기에 가장 유익한 방송 프로그램이다. '수학이라는 과목을 아이들에게 어떻게 접근시켜야 재미있어 할까?' 하는 자녀 교육에 대한 부모님의 진심어린 고민은 물론이고, 전문가들의 조언과 부모 스스로에 대한 성찰을 통해 올바른 수학공부 방향을 찾아나가는 모습이 어떨 때는 감동스럽기까지 하다. 이런 내용들을 책으로 엮었다니 참으로 반갑고 기쁘다. 수학 교육에 대한 고민은 아직도 갈 길이 멀기 때문이다.

고도의 과학기술과 공유 경제의 활용 능력이 중심을 이루는 4차 산업혁명 시대에서 수학은 그야말로 핵심 과목이라 해도 과언이 아니다. 4차 산업혁명의 주요 분야인 인공지능(AI), 빅데이터, 자율주행차, 3D프린팅, 사물인터넷, 스마트시티 등은 수학과 ICT기술의 접목을 통해 발전하고 있다. 즉 첫째, 수학적 개념과 원리를 이해하고, 둘째, 문제의 조건과 해결해야 할 과제를 명확히 정의할 수 있으며, 셋째, 논리적 사고의 과정을 통해 문제를 해결하는 능력이 절대적으로 필요해졌다. 그럼에도 여전히 인지 능력을 높이는 정답 찾기식의 문제집 풀이에서 벗어나지 못한 수학 공부법을 고수하는 부모들이 많다. 하지만 이제는 자녀들의 수학 공부에 대한 고민의 방향이 정말 바뀌어야 한다. 문제의 정답을 맞히는 것보다 문제 풀이의 과정을 배우는 것이 수학 공부의 목적이 되어야 하는 만큼, 아이들의 사고력과 논리력을 기르기 위해 어떻게 접근할 것인지를 더 깊이 고민해야 한다.

이 책에 실린 다양한 사례를 통해 수학 공부의 현실 고민들을 공유함으로써 우리 자녀에게 맞는 수학 공부 방향을 제시해줄 거라 생각한다. 좀 더 많은 부모들이 이 책을 통해 자녀에게 필요한 수학 공부법에 대해 고민하고, 새로운 방법을 찾아 자녀에게 적용해보기를 희망한다.

정혜숙 창의적열정연구소 원장

수학 때문에 공부가 하기 싫다는 학생들이 의외로 많다. 이는 부모세대들도 마찬가지였다. 그래서 우리 자녀들만큼은 수학 잘하는 아이로 만들려고 노력을 아끼지 않았는데 그 노력에 비해 결과가 좋지 않은 것이 현실이다. 수학은 매우 체계적인 학습이 필요한 과목으로 하루아침에 실력이 나아지진 않는다. 무작정 문제를 많이 푼다고 되는 과목도 아니다. 수학이야말로 매일 꾸준히 올바른 방법으로 공부해야 가장 흥미 있는 과목이 될 수 있다.

과연 수학을 공부하는 올바른 방법은 무엇일까? 나를 포함한 여러 선생님들이 수학을 즐겁게 체계적으로 공부할 수 있는 다양한 방법을 〈수다학〉이라는 프로그램을 통해 시청자들에게 알려주었다. 수학을 잘하는 아이는 수학을 잘하는 아이대로, 수학을 힘들어하는 아이에게는 그들 나름대로 각자에 맞는 솔루션을 제시하여 수학을 좀 더 즐겁게 공부할 수 있도록 했다.

그동안 방송에서 케이스 별로 주었던 솔루션을 정리하여 한권의 책으로 출간하게 됨으로써 보다 편리하게 우리 아이들의 수학 고민을 해결할 수 있게 되어 기쁘다. 이 책에서 주는 실용적인 방법을 적용해 매일 꾸준히 공부한다면 우리 아이들의 수학 실력도 분명 나무가 자라듯이 무럭무럭 자라날 것이다.

민성원 민성원연구소 소장

〈수다학〉이라 하면 알다시피 수학을 주제로 수다를 떠는 방송 프로그램이다. 수학처럼 딱딱한 과목으로 어떻게 수다를 떨까, 생각할 수도 있지만 우린 오랜 시간 수학으로 이야기를 나누었다. 이 방송을 하기 전에는 수학 공부는 무조건 머리로만 하는 줄 알았다. 지금은 그렇게 생각하지 않는다. 수학은 나와 맞는 학습방법을 찾아내 때론 주변의 도움을 받아 꾸준히 약점을 보완해가면서 이뤄가는 학문이다. 머리보다는 끈기와 노력이 필요하다. 이런 걸 더 일찍 알았더라면 나도 수학을 좋아하고 잘했을 텐데, 하는 자신감까지 생겼다.

그동안 방송된 내용을 책으로 출간한다는 소식을 처음 들었을 때 무척 반가웠다. 더일찍 책으로 나왔으면 했었다. 이 책에는 방송에서 보여준 수학에 대한 희망적인 이야기들이 그대로 담겨 있다. YTN사이언스 본방 또는 유튜브를 통해 우리 아이와 맞는 사례들을 찾아서 보는 분도 계실 것이다. 영상으로 보는 것도 물론 도움이 되겠지만 글로 읽고 생각하는 것이 머릿속에 오래 남는 좋은 방법이다. 지금이라도 책으로 나와서 다행이다.

마지막으로 이 책의 추천사를 쓰도록 기회를 준 것에 대해 감사한다. '사람이 만든 책보다 책이 만든 사람이 많다'라는 얘기가 있다. 이 책이 수학 좋아하는 사람을 늘어나게 하리라 믿는다. 대한민국의 미래는 수학을 즐기는 아이들에게 있다.

김일희 개그맨

이렇게 활용하세요

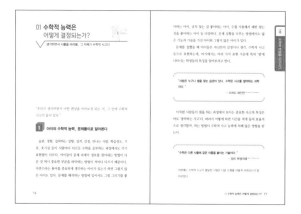

1 아이의 수학적 능력 파악하기

수학은 매년 설문조사 결과에서 '가장 공부하기 싫은 과목 1위'로 선정되고 있습니다. 수학 잘하는 아이로 키우기 위해서는 누구보다도 부모가 자녀의 수학적 능력을 정확히 파악하여 그 부족한 부분을 채워주어야 합니다. 이를 위해 아이의 수학적 능력이 어떻게 결정되는지를 비롯해 수학적 능력 향상법, 수학적 성취 파악법 등에 대해 최고의 수학전문가들의 조언을 직접 들었습니다. 아이의 수학적 재능을 높이는 힘을 기를 수 있습니다.

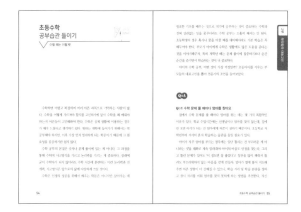

2 아이와 부모의 수학고민 생생 사례로 읽기

부모들의 수학교육 고민을 공부습관 들이기, 방학 공부법, 학년별 공부법으로 나누어 실었습니다. 아이들의 학습태도를 직접 관찰카메라로 촬영해 철저히 분석하여 건네는 전문가들의 조언이 우리 아이의 변화를 이끌어낼 해결책이 될 것입니다. 학습습관을 잡고 수학성적을 올리기 위해 부모와 아이가 함께 실천할 수 있는 학습 플랜과 수학공부법이 소개되어 수학교육에 자신감이 생긴답니다.

3 우리아이 미래 인재로 키우기

아이의 자기주도 수학 학습을 유도하기 위해서는 먼저 수학에 대한 흥미와 재미를 갖게 해야 합니다. 수학 공부에 대한 동기 부여로 아이가 효과적으로 학습할 수 있도록 도와주려면 선생님뿐만 아니라 부모의 역할이 매우 중요합니다. 그래서 생활 및 직업과 관련된 다양한 수학이야기로 수학을 공부해야 하는 이유는 물론 미래에 대한 비전까지 제시합니다.

차례

5부   생활 속 수학 이야기

6부   직업 속 수학 찾기

"수학적 발견의 원동력은 상상력이다."

– 오거스터스 드 모르간 (Augustus de Morgan)

1부

수학에
한 걸음 다가서기

01 수학적 능력은 어떻게 결정되는가?

생각하면서 사물을 바라봄, 그 자체가 수학적 사고다

"우리가 생각하면서 어떤 현상을 바라보게 되는 것, 그 안에 수학적 사고가 들어 있다."

 아이의 수학적 능력, 문제풀이로 알아본다

습관, 경험, 집착하는 성향, 성격, 감정, 만나는 사람, 학습정도, 기호, 호기심 등이 사람마다 다르듯 수학을 공부하는 과정에서도 각기 표현법이 다르다. 아이들이 문제 속에서 정보를 찾아내는 방법이 다른 것 역시 중요한 부분을 파악하는 방법이 저마다 다르기 때문이다. 자연수라는 용어를 중요하게 생각하는 아이가 있는가 하면 그렇지 않은 아이도 있다. 문제를 해석하는 방법에 있어서도 그림 그리기를 좋아하는 아이, 규칙 찾는 걸 좋아하는 아이, 수를 사용해서 패턴 찾는 것을 좋아하는 아이 등 다양하다. 문제 상황을 다루는 방법에서도 많은 기능과 기술을 가진 아이와 그렇지 않은 아이가 있다.

문제를 접했을 때 아이들은 자신만의 감정이나 생각, 수학적 사고 등으로 표현하는데, 여기에서는 여러 가지 표현 가운데 특히 '셈'에 나타나는 학생들의 특징을 알아보려고 한다.

"사람은 누구나 셈을 찾는 습관이 있다. 수학은 사고를 절약하는 과학이다."

– 리차드 파인만 Richard Feynman

이처럼 사람들이 셈을 하는 과정에서 보이는 중요한 사고적 특징은 바로 '절약하는 사고'다. 따라서 어떻게 하면 시간을 적게 들여 효율적으로 생각할까, 하는 방법이 수학적 사고 능력에 의해 많은 영향을 받는다.

"수학은 다른 사물에 같은 이름을 붙이는 기술이다."

– 앙리 푸앵카레 Henri Poincare

이번에는 수학적 사고가 발달한 사람은 다음 도형을 어떻게 바라보는지 알아보았다.

보통 이러한 도형 그림을 접하면 색깔별로 보는 사람, 모양을 보는 사람, 수를 세는 사람, 아니면 모양별 색의 개수가 같다고 생각하는 사람 등 각자의 가치관에 따라 다른 방식으로 바라본다.

유형별로 살펴보면, 첫 번째로 색을 먼저 본 사람은 이성적 사고보다 감성적 사고가 발달한 사람이고, 두 번째로 모양을 먼저 본 사람은 패턴을 찾는 수학적 사고가 발달한 사람이다. 또 셈하기 좋아하는 사람은 개수를 센다. 누구든 태어나는 순간부터 근본적으로 셈을 하는 습관이 있는데, 이렇게 자기도 모르게 개수를 셌다면 그 습관이 드러난 것이다.

"신은 자연수를 만들었고, 나머지 모든 것은 인간이 만들었다"

– 레오폴드 크로네커 Leopold Kronecker

그럼, 또 다른 도형을 살펴보자.

이 도형의 모양을 보면 어떤 생각이 드는가?

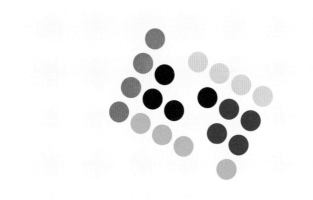

가운데를 중심으로 좌우로 나눴다고 생각하는 사람, 색깔 패턴대로 나눴다는 사람, 모양새 패턴대로 나눴다는 사람, 왼쪽 위에서 대각선으로 내려가며 다섯 개씩 봤다는 사람 등 똑같은 현상을 두고도 저마다 수학적 사고가 다른 양상을 보인다.

그렇다면 수학적 사고의 양상은 왜 다르게 나타날까? 첫 번째, 색깔별로 나누는 것은 직관적인 특징에 따른 분류 방법이다. 예를 들면 동물원에서 동물 수를 셀 때 기린을 먼저 세고, 코끼리 세고, 사자 세고, 호랑이를 세는 것이 색깔별로 나누는 방식이다.

두 번째, 좌우로 분류하는 것은 눈에 띄는 큰 패턴으로 분류하는 방식이다. 예를 들면 날아다니는 새들을 먼저 세고 나서 뛰어다니는 동물을 세는 것이다.

세 번째, 4개씩 분류하는 것은 대략적인 유형을 보고 숫자별로 분류하는 식이다. 동물원에서 동물별로 몇 마리인지 대략의 유형을 따진 다음에 '몇 마리×몇 마리'로 계산해 말하는 것이다. 이 모두가 수학적 활동이다.

셈하는 것도 물론 중요하지만, 그 안에 숨은 규칙을 따라 세는 것이 중요하다. 그래서 사람을 호모 사피엔스Homo sapiens라고 이야기한다. 우리가 수학을 매스매틱스Mathematics라고 하는 것은 '수학'이라는 용어에 '생각하는 사람'이라는 패턴이 들어가 있기 때문이다. 다시 말하면 수학이라는 용어에 '사유하는 인간'으로서의 패턴이 들어 있다. 우리는 생각하면서 어떤 현상을 바라보고 있으며 그 안에는 수학적인 사고가 반영되어 있다.

이 도형을 보면 어떤 생각을 하게 되는가? '잘라서 위에 붙이고 싶다'는 생각이 드는가?

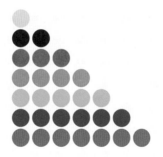

오른쪽 아래의 6개를 위쪽 빈 곳에 붙이니, 4개짜리가 7줄이 되고, 4×7=28로 셈을 했다.

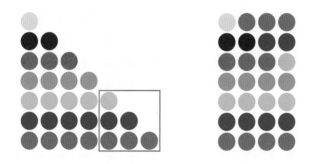

　여러분은 셈을 하지만, 셈을 한다는 것은 수를 세는 것일 수 있고, 다른 것을 본 것일 수도 있다. 또 원 모형이 색깔별로 하나씩 늘어나는 규칙을 발견한다. 이렇게 똑같은 현상도 사람들은 자기가 바라보는 패턴 및 형식에 따라 전혀 다르게 인식한다.

　결국 현상을 바라보는 방법이 그 사람의 수학적 능력을 결정한다.

따라서 바라보는 방법에 변화를 주면 수학을 잘하는 아이로 조금 더 발돋움할 수 있다. 이때 기억해야 할 점은 어떤 현상을 바라보는 그 방법에 기본적으로 사고적 패턴이 숨어 있다는 사실이다.

수학적 능력은 어떻게 결정되는가?
– 표현을 변화시켜 보자!

셈을 하는 경우 사람들은 서로 다른 수를 셈하는 특징이 있는데 규칙을 가지고 셈을 하기도 한다. 어떤 사람은 하나하나 다 셀 거고, 어떤 사람은 가로와 세로의 곱셈으로 셀 수도 있고, 또 어떤 사람은 무리 단위로 세는 등 같은 문제라도 사람마다 다른 규칙으로 해결한다. 주변 사람들에게 물어봐도 사람마다 셈법이 다르다는 것은 쉽게 알 수 있다. 이렇게 수를 세는 능력은 각자의 경험에 따라 다르게 나타난다.

이처럼 한쪽에 빨간색 도형 3개, 다른 한쪽에는 검은색 도형 2개가 있다.
여기에 도형을 하나 더 놓는다면, 어떤 색의 도형을 어디에 놓겠는가?

사람은 누구나 이미 규칙적으로 도형을 배치하는 습관을 갖고 태어났기 때문에 기본적으로 수학을 할 수 있는 능력을 갖고 있다.

이 노란색을 보고 여러분은 어떤 활동을 하고 싶은가?

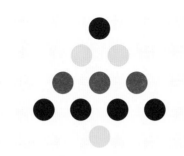

사람은 누구나 자신만의 방법으로 규칙을 찾는데, 노란 돌을 빼고 싶다는 생각, 또는 노란 돌을 4개 더 채우고 싶다는 생각 등 다양한 의견이 있을 것이다.

어떤 친구들은 '검은색 – 노란색 – 빨간색' 패턴을 보고 이렇게 말한다. "노란색을 채우고, 그 다음 줄에 빨간색을 채울래요." 여기에 색깔이 아닌 호랑이나 사자와 같은 동물 혹은 어떤 물체, 1·2·4·9 또는 소수를 갖다 놓을 수도 있다. 물론 또 다른 패턴도 찾아낼 수 있다. 바라보는 사람의 가치관에 따라 이렇게 전혀 다른 방식으로 반응하지만 모두 옳은 답이다.

하지만 우리 교육과정에서는 답이 정해진 문제를 제시함으로써 '나는 답을 이렇게 생각했는데, 그게 아닌가' 하는 오해를 불러일으키기도 한다. 문제에서 요구하는 답과 내가 생각하는 답이 다른 것은 단순히 사고 패턴의 차이에 불과하다. 중요한 것은 문제를 낸 사람과 동일한 패턴을 찾아야 답이 된다는 사실이다.

> "시인 기질을 갖추지 못한 수학자는 결코 완벽한 수학자가 될 수 없다."
>
> – 카를 바이어슈트라스 Karl Weierstrass

한 단계 더 넘어가보자.

다음 물음표 안에는 뭐가 들어갈까?

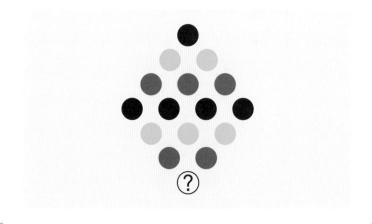

노란색을 놓고 싶다고 대답할까? 만약 노란색을 놓고 싶다고 말했다면 그 사람은 가장 아래쪽에 검은색이 오는 고정관념을 깨고 싶어서일지 모른다.

가장 아래쪽에 검은색을 놓겠다는 사람들에게는 공통적으로 위아래가 대칭을 이루게 하려는 생각이 있다. 그런데 감성적 능력을 가진 사람은 조금 다르다. 가운데 검은색을 기준으로 하여 빨강과 노랑이 달라졌기 때문이다. 그리고 위에는 노랑, 아래는 빨강, 가장 위가 검정이니까 가장 아래는 하양이 된다. 같은 것을 보더라도 전혀 다른 관점으로 해석하는 사람이 있다. 그런데 수학을 하는 사람은 다르다.

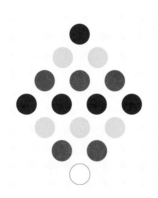

아래위가 대칭을 이루게 색깔을 놓아야 한다고 생각하는 경우 노랑 아래쪽에 빨강이 있으니 가장 아래는 하양이 된다고 생각하는 사람이 있는가 하면, 가장 위쪽이 검정이니 가장 아래쪽에는 하양을 놓아야 한다고 생각하는 사람도 있다.

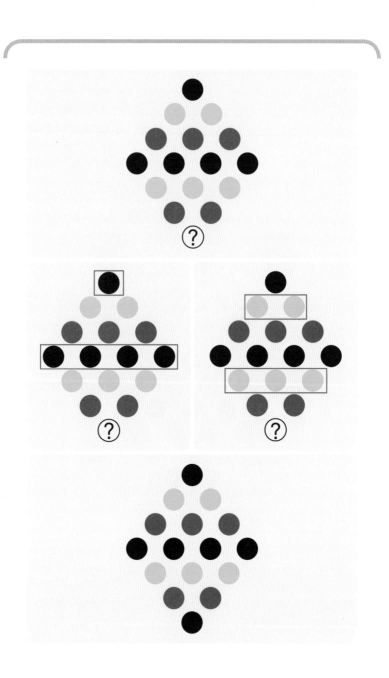

수학을 하는 사람들은 또 다르다. 패턴을 찾는데 가장 위쪽이 검은색이고, 거기에서 세 줄 아래인 가운데 줄이 검은색, 노란색 세 줄 아래가 노란색, 빨간색 세 줄 아래가 빨간색, 따라서 검은색 세 줄 아래는 '검은색'이라고 하면서 검은색을 놓는 사람도 있다.

이처럼 간단한 문제를 통해 아이들의 수학적 성향도 파악할 수 있다. 패턴을 찾는 아이, 감성적 패턴을 찾는 아이, 수의 패턴을 찾는 아이 등.

또 다른 그림으로 재미있는 형식을 구현했다. 이러한 형식에 만약 돌을 하나 더 갖다 놓는다면 어떤 돌을 어디에 놓겠는가? 노랑을 아래줄 가장 오른쪽에 가져다 놓겠는가? 위쪽 오른쪽에 빨강을 놓겠는가?

대칭적 패턴을 바라보는 사람의 경우는 노랑이 두 개이니까 그 위로 노랑을 놓고 위에 빨강을 기준으로 전체적으로 좌우가 똑같은 모양으로 바라볼 수 있는 대칭을 만들겠다고 생각한다.

그런데 신기하게도 수를 보는 사람은 노랑 1개, 빨강 2개, 검정 3개, 노랑 1개, 빨강 2개, 검정 3개의 패턴으로 가장 오른쪽 아래에 빨강을 갖다 놓는 습관이 있고, 빨강을 갖다 놓고 그 옆에 검정 3개를 갖다 놓게 된다. 이 두 가지 성향을 봤을 때 한 명은 기하학적 패턴을 보는 사람이고, 다른 한 명은 수의 패턴을 보는 사람이다.

저마다 문제에 대한 반응양식이 달라서 똑같은 방정식이라도 어떤 사람은 그림을 그리고, 어떤 사람은 식을 푼다. 이는 곧 풀이과정을 통해 그 사람의 수학적 성향을 파악할 수 있다는 의미이다.

> "사람은 누구나 문제해결 습관이 있다. 수학적 발견의 원동력은 논리적인 추론이 아니라 상상력이다."
>
> – 리차드 파인만 Richard Feynman

결국 사람들은 어떤 현상을 바라볼 때 문제해결 습관에 의해 패턴을 형식화하는 과정으로 확장시키게 된다.

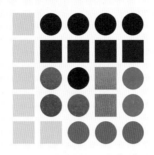

이렇게 도형이 놓여 있는데, 도형을 추가로 놓는다면 어떤 도형을 어떻게 놓을까?

오른쪽에 검정 2개를 놓겠다는 사람이 있을 수 있고, 오른쪽 위에서 부터 아래로 검정 2개를 붙이겠다는 사람, 또 짝수·홀수로 증가하도록 네모 2개를 붙이려는 사람도 있을 수 있다.

이때 사람마다 서로 다른 가치관을 가지고 이 현상을 바라본다. 수의 패턴을 찾는 경우 사실 자연의 패턴을 찾는 것과 다를 바 없다. 예를 들어, 달이 떠오르고 달이 지는 게 반복되는데, 28일 밤낮이 지나니 달 모양이 바뀐다. 그래서 달이 가진 주기성을 알게 되고, 달의 패턴을 찾게 됐다. 달이 1년 단위로 어떤 패턴을 가졌는지 찾아내는 것을 문제해결이라고 한다. 달이 뜨고 가라앉는 것은 우리가 아는 일반적인 패턴인데, 그 달이 뜨고 가라앉는 데 1년 단위로 어떤 규칙이 있는지를 찾아내는 것은 더 큰 일반적 패턴을 찾는 것이며, 이것을 우리는 문제해결이라고 본다.

1부터 10까지의 자연수를 모두 더하면 55라고 쉽게 말을 한다. 그렇다면 1부터 20까지의 자연수를 모두 더하면 얼마인가? 쉽게 대답할 수 있는가? 여기에 더해서 1부터 30까지의 자연수의 합은 얼마인가?

1부터 10까지의 자연수 합은 쉽게 외워서 말할 수 있고, 1부터 20까지의 자연수 합은 계산해서 가능하고, 1부터 30까지의 자연수 합은 계산을 해도 신기하게 어렵기 때문이다. 그러면 1부터 30까지의 자연수를 찾는 사람은 어떤 특징이 있을까? 보통 '패턴을 보는 눈'으로 어떤 형식성을 본다.

그렇다면 다음 문제의 답은 어떻게 구할까?

1부터 n까지 자연수를 모두 더하면?

사람마다 전혀 다른 방법으로 합을 구하게 된다. 독일의 수학자 가우스Carl Friedrich Gauss는 불과 10살 때 1부터 n까지 자연수의 합을 거꾸로 붙여 구했다고 한다. 1800년대 중반 이전에는 수의 합을 구하는 방법에 체계적인 규칙이 없었기 때문에 일반 대중은 이를 알기 더 어려웠다. 하지만 지금은 고등학교만 졸업해도 1부터 n까지의 자연수 합을 누구나 구할 수 있지 않는가!

우리가 이런 패턴 형식을 만들어낸 것도 그리 오래되지 않았다.

1부터 n까지 자연수의 합은 $\dfrac{n(n+1)}{2}$ 로 알려져 있을 때
1부터 19까지 모든 홀수의 합은?

이 대답은 어떻게 나올까? 이 대답이 어려워진 이유는 1부터 19까지의 홀수 개수 때문이다. 정답은 10개다. 1, 3, 5, 7, 9… 그 수의 패턴을 보지 못했다는 것이고, 그 패턴을 보는 게 바로 문제해결이다. 다시 말하면 1, 3, 5, 7, 9, 11, 13, 15, 17, 19의 홀수에다가 1씩 더 해보면 2, 4, 6, 8, 10, 12, 14, 16, 18, 20이 된다. 그러면 1부터 10까지 더한 것에 2를 묶어보면 1부터 10까지의 모든 자연수의 합을 2배한 것으로 55×2=110이 된다. 그리고 아까 1씩 10을 더한 것을 빼면 110－10＝100이다.

이런 패턴을 찾았는가 하면, 또 다른 패턴을 찾은 사람이 있다. 1부터 19까지의 홀수를 더한다고 해보자. 1+3은 4이고, 4는 2의 제곱이다. 1+3+5는 9이고, 9는 3의 제곱이다. 1+3+5+7은 16이고, 16은 4의 제곱이다. 그럼 1부터 19까지의 홀수를 더하게 되면 10의 제곱이다. 처음 소박한 수학적 패턴으로 시작하여 결론은 엄청난 수학적 패턴으로 변했다. 이 패턴의 확장이 기본적인 사실, 즉 1부터 n까지의 자연수 합까지 찾아냈다는 것을 알 수 있다.

1부터 n까지 자연수의 합은 $\frac{n(n+1)}{2}$ 로 알려져 있을 때

100부터 300까지 모든 3의 배수의 합은?

여기서도 100부터 300까지의 모든 3의 배수를 3으로 묶으면, 자연수의 합의 형식을 취하고, 그 합을 쉽게 구할 수 있게 된다. 이런 것들이 문제 해결적 사고라고 볼 수 있다.

나는 규칙을 좋아하는 사람인가?
나는 그림을 좋아하는 사람인가?
나는 암기를 좋아하는 사람인가?
나는 숨어 있는 원리 찾기를 즐기는가?

우리는 근본적으로 규칙을 좋아한다. 따라서 그림을 좋아하는 사람은 그림의 패턴을 찾게 되고, 규칙을 좋아하는 사람은 수나 형식적 패턴을 찾는다. 또한 암기를 좋아하는 사람은 하나의 공식을 외운 뒤 그 공식으로 답을 구한다. 어떤 사람은 숨어 있는 원리를 찾아내어 전체의 패턴을 보는데, 이를 문제해결이라고 한다. 이런 능력을 지닌 사람들의 공통점은 저마다 다르게 현상을 변화시킨다는 것이다.

3×7을 예로 들어보자.

3×7

$3+3+3+3+3+3+3$

$7+7+7$

$(3)(10-3)=3\times10-3\times3$

$(5-2)(5+2)=5^2-2^2$

이때 $3+3+3+3+3+3+3$을 생각하는 사람, $7+7+7$을 생각하는 사람, $(3)(10-3)=3\times10-3\times3$을 생각하는 사람, $(5-2)(5+2)=5^2-2^2$라고 생각하는 사람도 있다. 이와 같은 변화를 주는 힘이 문제해결의 핵심요소가 된다.

그렇다면 수학을 즐기는 힘은 과연 어디서 나올까? 바로 호기심이다. 수학을 좋아하거나 과학을 좋아하는 사람은 전혀 다른 호기심이 있고, 그 호기심에 의해 확장이 일어난다.

"하늘은 왜 파래요?"
"빛의 산란 때문이란다."

질문에 이렇게 간단히 대답할 수도 있지만 이 친구들이 호기심을 갖게 되면, 저녁노을이 왜 빨간지, 깊은 물이 왜 푸른지, 보석 결정은 왜 투명한지 등도 알 수 있다. 심지어는 빛의 산란을 통해 엄청난 응용도 가능하다. 원자핵에서 빛이 휘어지는 현상으로 핵을 찾는다.

한 가지를 알고 난 뒤에 끊임없는 호기심을 가지면 수학적 확장, 과학적 확장, 심지어는 현대 문명까지도 만들 수 있다. 이런 것들이 모두 '수학적 확장'이고 '문제해결'이다.

공부란 호기심을 갖고 어떤 현상을 바라보고, 인간이 가진 소박한 규칙, 우리가 어렸을 때부터 가지고 있던 규칙, 대칭을 바라보는 규칙, 수를 셈하는 규칙, 자연 속에서 아름다움을 바라보는 규칙, 그 속에서 어려운 규칙이 나왔을 때 그 규칙을 어떻게 발견할까 고민하는 것이다. 이때 조금 어려운 문제가 나오면 어떤 사람은 포기하지만, 어떤 사람은 끊임없이 달려들면서 해결하려 한다. 바로 이런 '호기심을 기반으로 한 인내심'이 수학적 능력을 올리는 데 무엇보다 중요하다. 그것이 오늘날 수학적 능력, 공부하는 능력을 만들어내는 근원이 되고 있다.

Q01 지금까지 말한 내용을 요약하면?

문제풀이로 아이의 사고 패턴을 파악할 수 있다. 문제를 바라보는 습관, 풀이하는 습관이 사람마다 다른데, 이 과정에서 나타나는 아이들의 성향을 살펴 고쳐야 할 점은 고치는 기회를 가져보자. 보통 수학을 잘하는 사람들은 문제 안에서 도형적 정보와 같은 특정한 정보를 봤을 때 그 현상을 쉽게 해석하려고 노력하는 경향이 있다.

또한 사람은 모두 수학적 성향을 가지고 태어난다. 그러니까 학창 시절 배우는 수학이 아무리 힘들어도 누구나 충분히 극복할 수 있다. 어떻게 하면 이성적인 사고를 할까? 자신감을 갖고 문제를 대하면 입시를 위한 수학도 충분히 극복 가능하다.

Q02 아이들이 같은 실수를 하지 않게 도와주는 방법은?

아이들이 똑같은 실수를 되풀이 하는 이유는 틀리는 문제 풀이 습관을 바꾸지 않아서, 모르는 것을 공부하면서 일어나는 수학적 진보의 변화를 두려워하고 아는 것만을 즐기고 싶어 하기 때문이다.

Q03 응용문제에 다양하게 접근하는 방법은?

고등학교에서 배우는 수학은 문제를 어렵게 꼬아놓기도 하는 등 변화가 심하다. 그 꼬인 현상 속에서 우리가 아는 현상을 찾는 것은 결코 쉬운 일이 아니다. 기본이 명확해야 꼬인 것을 기본으로 돌릴 수 있다. 실이 엉켜 있다면 가장 먼저 실을 하나씩 풀어내야 하는 것처럼 말이다. X, Y 변수가 2개가 있는데 2개가 동시에 변한다. 그때 어떤 상황에서 최소가 될지 생각해보자. X를 고정해 놓고 Y가 변하면서 최소가 되는 상황, Y를 고정해 놓고 X가 변하면서 최소가 되는 상황을 볼 수 있다. 그 결과 최소가 되는 상황은 X, Y가 동시에 최소가 되는 상황에서이다.

지금은 복잡한 것을 간단하게 바꾸는 연습이 중요하다. 복잡한 것을 간단하게 만드는 방법에 대한 이해 패턴이 내면화되지 않았기 때문이다. 따라서 여러 번 연습을 통해 자기 것으로 만들어야 한다. 예를 들어, 쥐는 태어나면서부터 고양이를 싫어한다. 그래서 갓 태어난 쥐에게 고양이 냄새를 맡게 하면 주위에 고양이가 있다는 걸 파악하고 피하게 되어 다른 쥐보다는 조금 더 오래 살 것이다. 이런 게 학습이고, 이런 학습을 두려워하면 안 된다. 기본을 중요하게 생각하고 변화를 두려워하지 않으면서 전체적인 패턴을 이해하도록 해야 한다.

02 수학이 쉬워지는 눈높이 수학

대화가 수학의 이해와 실력을 높인다

"아이의 수학적 성취를 정확하게 알 수 있는 사람은 부모밖에 없다."

여러분은 아이들과 함께 공부하는가, 아니면 성적만 챙기는가? 성적만 챙긴다면 절대로 좋은 선생님이라 할 수 없다. 아이를 실질적으로 도와주는 사람이 정말 좋은 선생님이다. 아이들은 시험에 대한 공포가 있다. 즐겁게 공부해도 될까 말까 한 수학을, 맨날 시험에 대한 공포를 느끼면서 배운다면 아이들은 결코 자기의 능력을 제대로 발휘하지 못할 것이다.

대화하며 공부하라, 이해가 단단해진다!

여러분은 아이가 수학 공부를 한다고 하면 어떤 모습을 상상하는 가? 수학 문제집을 앞에 두고 스탠드 아래 혼자 앉아서 푸는 것을 생각할지 모른다. 그런데 수학은 의외로 대화가 필요한 학문이다. 단순한 일상 대화를 하라는 게 아니라 문제를 푸는 방법을 아이들에게 가르쳐주라는 의미로, 학부모들이 꼭 해야 하는 과정이다.

> 6분 동안에 50L씩 채워지는 물탱크가 있습니다.
> 오늘 정오부터 내일 오후 3시까지 물탱크에 채워지는 물은 모두 몇 L일까요?
>
> 간단한 문제다. 이런 문제가 나왔을 때는 먼저 아이에게 문제를 읽어보게 하고, 다 읽고 나면 문제를 보지 않는 상태에서 다시 설명해달라고 한다. 설명을 마치면 각 문장의 의미를 다시 설명해달라고 한다.

이렇게 했을 때 아이가 다음과 같이 문장을 쪼개 이야기를 할 수 있다. '6분 동안에 50L를 채우는 물탱크가 있다'는 문장에서 '1시간 동안에 500L를 채운다'는 정보를 끄집어낼 수 있으면 좋은 거다. 그리고 '오늘 정오부터 내일 오후 3시까지'에서 '물을 채운 시간－24＋3시간'

을 끄집어내면 좋다. 결국 이 두 가지 정보를 종합하여 답을 냈다면, 그 아이는 수학적 문법을 이해했다고 할 수 있다.

"대화를 하면서 문제를 풀어라." 학부모들에게 이렇게 이야기하면 꽤 부담스러워 한다. '내가 수학을 잘 못하는데 그걸 어떻게 하지?' 이런 걱정 때문이다.

하지만 질문은 특별한 내용이 아니다. "어디부터 시작해야 하지?" "그럼 어떻게 해야 하지?" "그런 경우는 몇 가지나 되지?" 이런 식이다. 대화를 한다고 해서 문제를 다 풀어줄 필요는 없다. 문제를 잘 풀게끔 방향만 제시하면 그다음은 아이가 혼자 알아서 한다.

문제를 정확하게 읽는 방법을 배운다는 측면에서 대화는 매우 중요하다. 또 다른 문제를 예로 들어 보자.

모호한 문장과 문제를 파악할 수 있다

사탕 100개, 초콜릿 66개를 최대한 많은 사람들에게 똑같이 나눠주었더니 사탕이 4개, 초콜릿이 2개 남았다. 몇 명에게 나누어 주었습니까?

이것은 최대공약수를 묻는 문제다. 문제에서 '똑같이 나눠준다'는 말은 사탕의 개수와 초콜릿의 개수를 똑같이 주라는 건지, 한 사람에게 사탕과 초콜

그런데 문제를 이렇게 내놓고 아이들에게 풀어보라고 하면 어려워 한다. 모호한 문제에서 아이가 그 의미를 파악하는지 대화를 통해 확 인할 수 있고, 이를 부모가 도와줘야 한다.

사실 아이들은 어른들이 미처 상상하지 못했던 것을 무척 어려워할 때가 있다. "나눗셈을 하는데 왜 빼나요?" 여러분들은 나눗셈을 할 때 그냥 기계적으로 먼저 나온 수를 원래의 수에서 빼고 다시 나누지만 아이들은 그것을 모른다. "이거 나누는데 왜 빼요?" 또는 "어떤 수에 다 0을 곱하면 왜 0인가요?" 아는 사람이 있을까? 그런 경우에는 이 렇게 대답해보자.

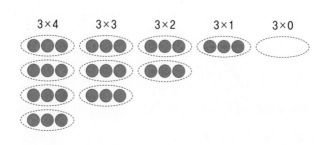

3×4는 4개이고, 3×3은 3개이고, 3×2는 2개이고, 3×1은 1개이고, 3×0은 결국 0이 된다. 이렇게만 대답해줘도 아이들은 그 의미를 파악하

고, 그다음에 자기 것으로 받아들인다.

그런데 아이가 의미를 파악할 수 있느냐 없느냐는 그때 나눈 대화가 굉장히 중요하다. 의미를 알고 문제를 푸느냐, 모르고 문제를 푸느냐는 하늘과 땅 차이다.

어떤 수를 3으로 나누었더니 몫은 8, 나머지는 2가 되었습니다. 이 수를 8로 나누면 몫과 나머지는 얼마가 될까요?

이 문제의 답은 26으로 쉽다. 그런데 어떤 친구들은 앞 수의 답이 26이니까 다시 8로 나누어 몫은 3, 나머지는 2를 냈다. 답은 맞았지만 나눗셈의 의미를 정확히 아는 사람은 그렇게 풀지 않는다.

문제의 의미를 아느냐 모르느냐에는 큰 차이가 있다. 이런 의미 전달에서 대화는 중요하다. 아무 생각 없이 풀다보면 아이가 아는지 모르는지 파악할 수 없다. 수학을 푸는 데 대화가 중요한 이유는 논리적으로 접근하는 방법이 바로 대화이기 때문이다.

직관을 높이는 그림 공부법

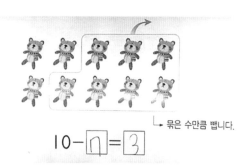

└ ▶ 묶은 수만큼 뺍니다.

직접 확인할 수 있게 그림으로 보여주는 것 또한 중요하다.

인천공항에서 일본을 거쳐서 영국으로 가는 비행기가 있습니다. 935명을 태운 비행기는 일본에서 257명이 내리고, 몇 명이 탄 후 다시 이륙했습니다. 이 비행기가 영국에 도착했을 때의 승객의 수가 813명이었다면, 일본에서 탄 사람은 몇 명입니까?

이건 초등학교 2~3학년에 나오는 문제로 내용은 비슷하지만 숫자가 커졌다. 인천, 일본, 100단위. 앞의 문제와 다르지 않지만 가장 큰 차이는 '그림이 없다'는 것이다.

그림은 문제를 직관적으로 보게 하는 도구다. 수학에서 논리적으로 접근하는 것도 중요하지만 '딱 이거다!'라는 직관도 중요하다. 아이가 설명하고 이어서 그림까지 그릴 수 있다면 그 문제를 충분히 이해한 것이라고 볼 수 있다.

90권의 공책을 현숙, 은후, 진경이 나눠 가졌습니다. 잠시 후 현숙이는 은후에게 7권을 주고, 은후는 진경이에게 3권을 주고, 진경이는 현숙이에게 8권을 주었더니 세 사람이 가진 공책의 수가 똑같아 졌습니다. 처음에 은후가 가졌던 공책은 몇 권인지 풀이과정과 답을 쓰시오.

이 문제는 초등학교 2~3학년 때 나온다. 하지만 누구한테 몇 권 주고, 누구한테 몇 권 주니, 나중에는 몇 권이다… 쉽지 않은 문제다.

그런데 다음 문제를 보면 쉽지 않은가? 이 문제의 답이 바로 앞 문제의 답이다.

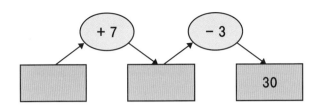

문제를 앞에서처럼 글로 써놓으면 학생들이 못 풀지만, 이렇게 그림으로 표현하면 누구나 다 푼다. 아이들에게 그림으로 그려 문제를 풀어보라고 하면 쉽게 풀 수 있다.

가와 나의 합은 16입니다. 가를 나로 나누면 몫이 3입니다.

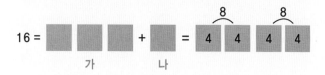

이 문제는 어떻게 풀어야 할까? 방정식으로 풀어야 할까? 그림으로 그려보면, 다음과 같다.

두 학생이 구슬을 나눠 가졌다. 한 학생은 전체 구슬의 $\frac{1}{2}$ 보다 2개 더 가졌고, 다른 학생은 전체 구슬의 $\frac{2}{5}$ 보다 3개 더 가졌다. 전체 구슬은 몇 개인가?

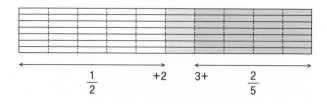

그림에서 한 칸이 5개이므로, 전체 구슬은 50개라는 것을 알 수 있다.

이처럼 그림으로 그려보게 하면 누구든지 쉽게 문제를 풀 수 있다.

3 어림의 중요성

'뉴욕의 피아노 조율사는 모두 몇 명일까?'라는 문제가 한때 유행한 적이 있다. 미국의 유명 대학에서 나온 문제인데, 정해진 답이 있는 게 아니라 일종의 어림^{estimation; 추측}을 잡는 문제다. 피아노를 가진 사람은 몇 명쯤 되고, 조율하는 사람은 몇 명 필요하고, 이런 것들을 따져 대충 몇 명이 나오겠다고 추측해야 한다. 이 문제를 풀기 위해서는 굉장히 많은 추측을 해야 하는데, 수학에서 추측은 꽤 중요하다. 사실 아이들의 창의사고력 문제를 보면 이와 같은 문제가 가장 어려운 반면 계산하여 푸는 문제는 그리 어렵지 않다.

연속된 두 수의 곱을 구했더니 812가 되었다.

두 수를 구하시오.

(출처 : 4학년 문제해결의 길잡이)

이 문제의 답은 어떻게 구할까?

$$A \times (A+1) = 812$$

$$A^2 + A - 812 = 0$$

$$(A-28) \times (A+29) = 0$$

$$A = 28. \; 답은 \; 28, 29$$

이렇게 2차 방정식을 만들어서 풀면 누구나 풀 수 있다.

하지만 추측을 통해서 문제를 풀어보자. 두 수를 거듭 곱에서 812 근처가 되는 수를 찾는다. $20 \times 20 = 400$, $30 \times 30 = 900$이므로, 찾는 수는 20과 30 사이가 된다. 그러면 $25 \times 25 = 625$, $27 \times 27 = 729 \cdots$. 이런 식으로 추측하여 접근하면서 푸는 문제다. 이 문제를 소개하는 이유는 바로 아이와의 눈높이를 이야기하기 위해서다.

아이와 눈높이를 맞춰라!

요즘 초등 수학에는 여러분이 고등학교 때 배운 수열 문제도 나오고, 답을 봐도 전혀 이해가 되지 않는 문제도 많다. 그런 문제를 여러분이 알고 있는 방식으로 가르치려 하면 힘들다. 2차 방정식, 근의 공식 등 방법론적 접근은 아이의 수학적 사고력을 방해할 뿐이다.

공책 3권과 연필 2자루의 값이 1170원이다.
같은 공책 4권과 연필 3자루의 값이 1620원이라면
공책 한 권과 연필 한 자루의 값은 각각 얼마인가?

이 문제를 본 사람들은 보통 이원일차연립방정식을 생각한다.

$$3x+2y=1170$$
$$4x+3y=1620$$

그다음에는 계수를 같게 만들어야 하는데, 3에 4를 곱하고 4에다 3을 곱
해 구하면 된다.

이것은 이원일차연립방정식으로 아마 학원에서도 이렇게 가르칠 것
이다. 그런데 이때 왜 계수를 같게 만들고 빼야 하는지 전혀 모른 채
문제 푸는 방식만을 배운다. 다음에 또 이런 문제가 나오면 잘 풀기는
하지만, 딱 거기까지다. 여기서 조금만 문제를 꼬면 풀지 못한다.
　하지만 이 문제 역시 그림으로 그려보라고 하면 된다. 그냥 그림으
로 그리면 공책 3개와 연필 2개… 이 과정은 이원일차연립방정식과

똑같다. 2배 곱하고 빼는 것 모두 들어가 있다. 단지 말로 안 할 뿐이다. 그리고 변수 x, y를 말하고 연필 값, 공책 값이 매칭된다. 훨씬 더 자연스럽게 받아들인다. 하지만 이걸 '이원일차연립방정식'이라고 말하면 조금은 복잡해진다. 결국 눈높이가 가장 중요하다.

지금까지 대화, 그림, 어림 세 가지를 이야기했다. 이제 수학을 어떻게 할 것인지 총론을 살펴본다.

> **중앙에서 동쪽으로 ○m 가고, 남쪽으로 ○m 가고, 서쪽으로 ○m 가고, 북쪽으로 ○m 간 다음 다시 처음 위치로 가려면 어느 방향으로 ○m를 가야 하나?**
>
> 쉬운 문제이지만, 초등학교 2학년은 머릿속으로 이걸 그리지 못해 풀지 못한다. 엄마들은 아이들이 어려워하면, '아직 우리 아이가 여기까지는 못 왔구나!' 생각하면 된다. 수학을 조금 더 배우면 풀 수 있을 것이다.

눈높이 수학에서 중요한 것은 첫 번째로 아이의 수준을 받아들이는 것이다. 두 번째는 정해진 시간 또는 양만큼 꾸준히 학습하는 것이다. 하루 1시간씩 매일 6년간 수학을 공부한 아이가 수학을 못할 가능성은 거의 없다. 세 번째는 아이의 수준에 맞는 책을 읽게 하는 것이다. 선행학습 문제도 어렵다. 중요한 것은 남들이 한다고 시키면 안 된다는 것이다. 새로운 것을 배울 때 느끼는 좌절감, 기초가 튼튼하지 않은 상태에서 뭔가 새로운 것을 배울 때의 부담감 등 모두가 비용이다. 이런 비용적인 면과 아이의 능력 등을 고려한 뒤에 선행학습을 해야 할지 판단해야 한다. 또 초등학생 때는 학원에 보내지 않는 게 낫다. 아이의 수준을 가장 정확하게 파악할 수 있는 사람은 오로지 부모뿐이다.

Q&A

Q01 아이의 수학 교육, 어떻게 해야 할까?

부모만이 알고 있는 방식으로 강요하면 아이들이 거기에서 크게 벗어나지 못한다. 상상력을 더 펼칠 수 있게 아이의 눈높이에서 알려줘야 한다.

Q02 수학 공부를 할 때 유의할 점이 있다면?

학부모 입장에서 이야기하자면, 도와만 주고 문제를 풀어주진 말라고 하고 싶다. 직접 문제를 풀다보면 아이는 놀고 있다. 그러면 옆에서 "아빠, 다 풀었어?" 하고 뒤늦게 오는데, 그러면 안 된다.

Q03 아이에게 영재 교육을 하면 어떤 부작용이 있을까?

아이가 수학 공부에 대한 흥미를 잃어버리지 않을까 하는 걱정이 가장 크다. 어렸을 때부터 수학 공부를 시키면 '뭐 이렇게 어려운 걸 하라고 하지?' 하고 생각하기 마련이다.

Q04 조급한 초보 부모들에게 조언이 있다면?

우리가 생각하는 이미지가 머릿속에 남아서 그렇다. 다른 공부는 혼자 조용히 집중해서 하는 게 낫지만 수학은 다르다. "네가 모르는 건 뭐야? 그럼 이렇게 하면 어떨까?" 이런 식으로 수학은 계속 대화를 하면서 피드백이 있어야만 풀리는 학문이다.

Q05 수학을 공부할 때 푸는 시간도 중요하지 않을까?

어떤 문제는 아이가 1시간이 걸려서 풀 때도 있다. 처음에는 정말 속이 터질지 모르지만, 점점 푸는 시간이 짧아진다. 자녀를 믿고 기다려주는 게 필요하다.

Q06 초등 자녀가 있는 학부모에게 하고 싶은 말은?

실천하는 게 중요하다. 학부모들은 보통 '나는 안 하고, 아이가 혼자서 공부하면 안 될까?' 생각한다. 하루 한 시간씩 1년 365일 아이와 수학을 공부하는 게 쉬운 일이 아니지만, 함께 공부하는 것이 중요하다.

Q07 초등학교 수학에서 연산 훈련이 꼭 필요한가?

미국 초등학교에서는 학생들에게 계산기를 사용하게 한다. 그래서 인지 미국 학생들의 수학 성적이 세계 최하위다. 그런데 단순히 연산 속도가 문제가 아니라 연산을 통해 스스로 검산하도록 지도해야 한다. 연산 실력이 떨어지면 아무래도 자신감이 떨어지기 때문이다. 연산 문제를 풀 때 처음에는 시간제한을 두지 말자.

"사람은 누구나 셈을 찾는 습관이 있다.
수학은 사고를 절약하는 과학이다."

– 리차드 파인만 (Richard Feynman)

2부

부모들의
대표고민

초등수학
공부습관 들이기

▽ 이럴 때는 이렇게!

  수학 하면 어렵고 복잡하며 머리 아픈 과목으로 기억하는 사람이 많다. 수학을 어떻게 가르쳐야 할지를 고민하기에 앞서 수학을 왜 배워야 하는지 어른들이 고민해봐야 한다. 수학은 실제 생활에 이용하는 경우가 매우 드물다고 생각하기 쉽다. 원하는 대학에 들어가기 위해서는 꼭 공부해야 하지만, 이후 가장 먼저 멀리하게 되는 학문이기 때문에 그 필요성을 공감하기란 쉽지 않다.

  수학 공부의 본질은 숫자나 문제 풀이에 있는 게 아니다. 그 과정을 통해 수학적 사고방식을 기르고 논리력을 기르는 게 중요하다. 장래에 굳이 수학자가 되지 않더라도 수학 시간에 훈련하는 이런 논리력과 전개력, 사고방식은 앞으로의 삶에 다양하게 쓰일 것이다.

  수학은 인생의 성공을 위해서 배우는 학문은 아니지만 살아가는 데 필요한 기초를 배우는 것으로 적기에 공부하는 것이 중요하다. 수학과 전혀 상관없는 일을 꿈꾸더라도 수학 공부는 소홀히 해서는 안 된다. 초등학생의 경우 혹시나 꿈을 바꿀 때를 대비해서라도 기본 학습은 꼭 해두어야 한다. 부모가 아이에게 수학은 생활에도 많은 도움을 준다는 것을 이야기해주자. 특히 저학년 때는 문제 풀이에 집중하기보다 순간순간을 즐기면서 학습하는 것이 더 중요하다.

아이의 수학 공부, 어떤 것이 가장 걱정일까? 초등아이를 키우는 부모들의 대표고민을 뽑아 전문가의 조언을 들어보았다.

Q&A

Q01 수학 문제 풀 때마다 엄마를 찾아요

집에서 수학 문제를 풀 때마다 엄마를 찾는 데는 몇 가지 복합적인 이유가 있다. 학교 수업시간에는 선생님이나 엄마를 찾지 않는데, 집에만 오면 아기가 되는 건 엄마에게 의존이 심하기 때문이다. 초등학교 저학년부터 서서히 혼자 학습하는 습관을 들일 필요가 있다.

아이가 자꾸 엄마를 부르는 경우에는 일단 '틀리는 건 부끄러운 게 아니'라는 것을 대화로 계속 알려줘야 아이의 마음도 안정을 찾는다. 그리고 틀린 문제가 있어도 '이 정도면 잘 풀었다'고 칭찬을 많이 해줘서 틀려도 부끄러워하지 않는 마음을 갖게 만들자. 엄마가 옆에 붙어 지도해주면 의존 성향이 더 강해질 수 있으니, 학습 거리 및 학습 분량을 정하고 잠시 자리를 비워 엄마를 찾지 못하게 하는 방법을 추천한다. 자신이 좋아하는 분야에 대해 더 많이 알기 위해서는 수학 공부를 해야 한다는 사실을 아이에게 자주 말해주자.

또 혼자 공부하는 것이 왜 중요한지 이해하도록 아이의 꿈과 연관지어 이야기해주자. 얼마 동안은 아이의 수학 공부에 피드백하는 것이 필요하다. 예를 들어 문제집을 확인하는 경우 못 풀면 왜 못 풀고, 어떤 노력을 했는지 증명하게 하는 피드백을 하면 아이가 점차 혼자 있는 시간을 유용하게 쓰게 된다.

엄마가 학습량과 시간을 정해 일주일을 해보게 하고 확인한 후 지도하자. 문제를 아이 스스로 읽고 답을 보면서 왜 틀렸는지 찾게 하면 수학적 사고력과 자기주도학습이 함께 향상된다. 이때 엄마와 수학 선생님의 역할을 정확히 구분해 지도하면 아이가 잘 따를 것이다.

Q02 책상에서 진득하게 공부하지 못해요

바른 자세로 공부하는 것이 공부의 출발점이다. 초등학생에게는 적절한 반응과 통제가 필요하다. 공부할 때 엎드리거나 누워서 하는 건 좋지 않다. 당장은 괜찮을지 모르지만 중·고등학생이 되었을 때 문제가 생길 수 있다. 공부도 시험 볼 때와 비슷한 상황에서 하는 게 좋은 방법이므로 좌식이 아닌 의자가 있는 책상에 앉아 공부하는 습관을 들여야 한다. 이렇게 바른 자세를 취하면 집중력이 향상될 수 있다.

1시간을 앉아 있기로 했을 때 풀던 과제가 끝나지 않았는데 1시간이 지나면 일어나도 되는지 헷갈린다. 엉덩이 힘이란 물리적으로 일정 시간을 앉아 있는 것이 아니라 어떤 일을 달성하거나 끝낼 때까지 끈기 있게 하는 힘을 말한다. 엉덩이 학습법은 초기 학습에는 도움이 된다. 하지만 앉아 있는 시간보다 중요한 건 학습량으로, 절대 시간보다 절대 학습량이 더 중요하다. 방 안에서 시간만 지키고 나오는 건 아무런 의미가 없다. 아이에게는 오히려 '주어진 학습량을 정확히 완수하면 놀 수 있다'고 하는 것이 집중력 향상에 효과적이다. 분량과 시간을 모두 정해주고 시간 내에 완수하면 상을 주거나 좋아하는 취미생활을 보장한다면 아이는 흥미를 갖고 적극성을 보이게 된다.

또 다른 방법으로는 아이와 문제를 함께 풀면서 쉽게 이해시키고 자신감을 불어넣어 줄 개인지도 선생님을 추천한다. 같은 문제를 반복해서 풀면 문제가 쉬워지면서 공부 시간이 저절로 늘어난다. 선생님은 첫날 푸는 방법을 여러 번 가르쳐주고 다음날에 아이 스스로 풀게 하고, 그 다음날에는 체크하고 칭찬해주는 패턴으로 진행한다. 이렇게 하려면 선생님이 일주일에 최소 사흘은 집을 방문해야 한다.

책상 앞에 진득하게 앉아 있지 못한다는 것은 지구력이 부족하다는 증거다. 수학 공부에서는 문제를 푸는 것뿐만 아니라 채점도 중요하다. 학습과 채점, 그 이후까지 철저하게 관리해줄 선생님이 함께 한다면 아이가 책상 앞에 앉아 있는 시간이 늘어난다. 또 아이 혼자서도 충분히 풀만한 숙제를 내주어 아이의 공부 시간을 조금씩 늘려가는 것도 좋은 방법이다.

Q03 풀고 싶은 문제만 풀어요

아이가 좋아하는 것, 하고 싶어 하는 것만 풀도록 내버려 두어서는 안 된다. '쉬워서 그냥 넘기나보다'라고 생각하지 말고 '이건 꼭 해야 한다는 것'을 인지시켜주는 게 엄마의 역할이다. '알아서 잘하겠지'라고 생각해서는 안 된다. 그대로 두면 아이가 결손 부분을 안 보여주고 그냥 넘길 수 있으니 관심을 갖고 지켜봐야 한다.

학년이 올라갈수록 과목 간 균형이 중요하므로 균형 잡힌 학습이 필요하다. 수학을 좋아하고 잘한다고 수학만 하게 되면 자라서 다른 분야와 연계된 활동을 할 때 다른 능력의 부족으로 두각을 나타내지 못할 수 있다. 운동, 책 읽기, 협동 활동 등 초등학생 때 할 수 있는 다양한 활동들도 하도록 옆에서 도와주자.

Q04 학업 스트레스가 심해요

학업 스트레스는 '반드시 이겨야 한다'는 강박감 때문에 주로 생기며, 특히 초등 고학년생에게 많이 나타난다. 학업 스트레스가 오래 지속되면 좌절감, 적대감을 느끼게 되어 결국 성격과 교우 관계에도 악영향을 미친다는 연구 결과도 있다. 심할 경우 학업을 포기하는 결과를 초래하기도 한다. 아이가 잘하고 싶은 급한 마음에 불안해하면 엄마는 진도를 빨리 나가기보다 현행에서 잘하는 부분을 칭찬하고 즐겁게 공부할 분위기를 만들어줘야 한다. 이때 엄마에게 필요한 건 인내심이다. 하루 정도는 쉬면서 마음껏 힐링하고, 엄마와 함께 스트레칭이나 복식호흡을 하는 것도 바람직하다.

Q05 글씨를 엉망으로 써요

한글뿐 아니라 숫자를 쓰면서 너무 부주의하게 쓰는 아이의 경우 3을 5나 8로 착각해 풀기도 하기 때문에 아는 문제도 틀리는 상황이 종종 일어난다. 이렇게 글씨를 엉망으로 쓰는 습관은 당연히 개선해야 한다.

글씨 연습을 할 때는 하고 싶은 것, 갖고 싶은 것, 좋아하는 게임, 로봇 특징 등 실제로 글을 써야 할 상황과 자기가 하고 싶은 말을 꺼내는 글쓰기를 시키되 시간은 충분히, 양은 적게 줘야 효과가 있다.

컴퓨터 타자로 글씨를 쓰면 머릿속에 잘 들어가지 않기 때문에 직접 손으로 쓰도록 한다. 그래야 내용이 잘 정리되고 쉽게 외워진다. 시험을 볼 때도 직접 손으로 써야 하기 때문에 글씨 쓰기는 정말 중요하다.

Q06 게임 영상에 빠져 지내요

게임을 하지 못하게 최대한 차단하는 것이 답이지만 부모가 감시하는 데는 한계가 있다. 요즘은 핸드폰 데이터 사용시간대를 선택할 수 있고, 비밀번호를 걸어서 데이터를 사용하지 못하게 할 수도 있으니 강하게 막는 게 필요하다. 아예 전화 송수신만 가능한 키즈폰으로 바꾸는 것도 좋다.

첫 시도로 '수학 공부 20분 또는 두 문제를 풀어서 모두 맞히면 게임 영상 20분 시청하기' 등 아이와 딜을 해보자. 매번 보던 영상을 갑자기 차단하게 되면 아이가 엇나가서 어떤 방법을 써서라도 몰래 볼 수 있으므로 서서히 줄이는 게 낫다. 부모가 집에 없을 때는 잠깐 바깥에서 다른 취미활동을 하게 하거나, 선생님이 방문해 아이의 학습을 돕고 스마트폰도 관리해주는 것이 효율적이다.

Q07 수학 공부 중에 멍하게 있어요

공부하는 도중에 아이가 멍한 모습을 보인다면 한번쯤 그 원인과 해결책을 곰곰이 생각해보아야 한다. 이런 모습은 과도한 스케줄을 소화하느라 집에서의 공부 시간이 줄어든 아이에게서 흔히 볼 수 있다. 너무 많은 활동으로 피곤해진 몸 상태에서는 학습이 멍한 상황으로 이어질 수 있다. 자기주도적 학습 습관을 기르고 싶다면 집에서의 공부 시간을 늘리는 것이 하나의 방법이다.

두 번째 이유는 아이가 수학 공부에 재미와 흥미가 없을 수 있다. 수학 공부에 동기를 유발해 흥미를 주어야 한다. 마지막 세 번째는 자꾸 다른 생각을 하기 때문이다. 멍하게 있게 되는 다양한 원인과 해결책을 제시하면, 아이 스스로도 자신의 문제를 알기 때문에 금방 고칠 것이다. 이런 상황이 지속되면 수학학습에서 실수를 할 수 있으므로 빨리 고치도록 한다.

Q08 학원 보내기 힘들어요, 가정에서 할 수 있는 좋은 공부법은?

엄마가 생활 속에서 찾을 수 있는 요소로 수학 공부를 도와줌으로써 아이의 수학 부담감을 덜 수 있다. 예를 들어 실제 시장을 보듯 전단지에 실린 아이템을 잘라 펼쳐놓고 상품을 장바구니에 담아 계산하고 큰돈을 내고 거스름돈을 주는 시장놀이로 확장시키는 것이다. 또한 가정에서 씨앗 기르기, 함께 요리하기, 가족신문 만들기, 보드게임 등의 취미 생활이나 가족 활동을 하면 아이에게 도움이 된다. 엄마는 아이의 교과서 목차를 참고해 개념을 단계별로 지도하면 좋다. 이때 수학 교사용 지도서를 읽고 아이를 지도하면 더 정확하다.

초등과정에서는 식을 세우는 과정을 중요하게 다루어야 한다. 그렇지 않으면 중등과정에서 방정식 문제를 풀 때 식을 세우기조차 힘들기 때문이다. 엄마는 이런 문제를 인지하고 아이의 습관을 조금씩 바꿔나가는 게 필요하다.

Q09 문제 풀 때 실수를 많이 해요

실수를 줄이는 습관은 초등 때부터 잡아줘야 한다. 앞으로 중·고등학교에 올라가 OMR 카드를 사용하면 실수로 문제를 못 풀어 전체가 밀리거나, 카드를 다시 작성하다가 혼란이 오는 치명적 문제가 일어날 수 있기 때문이다. 빨리 풀다가 실수를 하게 되고 그게 습관이 될 수 있으므로 반드시 고쳐야 한다.

예를 들어 도형 겨냥도에 대한 문제는 실제로 겨냥도를 그려보는 게 실수를 줄이는 가장 좋은 방법이다. 즉 모든 문제는 직접 써 가면서 푸는 습관을 들여야 한다. 기본 연산 이외의 문제는 무조건 연습장에 수식을 쓰면서 푸는 것으로 규칙을 정하고 실천하는 습관을 들이자. 눈으로 보는 검산은 제대로 된 검산이라고 말할 수 없다. 풀이과정과 검산 과정을 일일이 쓰면서 하는 게 습관 잡는 정답이다. 답을 알고도 그 이유를 논리정연하게 못 쓰는 것도 고치자. 서술형 문제는 그 비중이 점점 늘어나므로 꼭 답을 쓸 때 문법에 맞게 문장을 끝마치는 연습을 해야 한다. 책을 읽고 독서록 쓰기를 생활하는 것 또한 도움이 된다.

풀이를 적으면서 푸는 방법으로는, 엄마가 문제를 유형별로 나누어 풀이과정을 정리하는 시범을 아이에게 보여주는 것이다. 그다음 동일한 방식으로 아이에게 적으며 문제를 풀게 하면 실수를 줄일 수 있다. 이렇게 문제를 풀면 처음에는 시간이 부족할 수도 있지만, 차근차근 하다보면 잘 알아듣고 큰 문제없이 따라하게 된다. 검산하면서 문제집에 밑줄을 치면서 풀이하는 습관은 중·고등학교에 가서도 도움이 될 수 있다.

문제를 건너뛰는 것은 굉장히 심각한 상황으로 받아들여야 한다. 엄마가 체계적으로 가르쳐주는 것도 중요하지만, 아이의 생각을 물어보고 모르는 부분이 무엇인지 스스로 생각하게 돕는 것 또한 좋은 방법이다.

Q10 풀이과정을 계속 감춰요

수학에서 풀이과정은 정말 중요하다. 답을 맞혔든 틀렸든 간에 이미 써둔 풀이과정은 수학 성적을 올리는 열쇠를 찾아줄 힌트다. 문제를 푸는 이유는 수업 시간에 배운 내용을 잘 알고 있는지를 확인하고, 모르는 것을 찾아 알기 위해서이다. 하지만 이 과정을 감추려고 지워버리면 더 잘할 것도 못하게 되므로 풀이과정을 남기는 연습은 꼭 필요하다.

풀이과정을 남기는 게 싫다면, 수학 노트를 사용해 푸는 것도 좋은 방법이다. 어차피 학년이 올라가면 유선노트를 사용하니 미리부터 사용해서 풀이과정을 깔끔하게 적고, 채점 후 틀린 문제만 엄마나 선생님한테 잠깐 보여주는 식으로 고쳐나간다면 풀이과정을 쓰는 습관을 충분히 들일 수 있다. 그다음에 틀린 문제는 따로 빼서 오답 노트를 만들자.

Q11 풀이과정을 안 적어요

풀이과정을 안 적는 것은 좋지 않은 습관이고 반드시 고쳐야 한다. 풀이과정을 적으면 시간이 많이 걸려 귀찮다고 말한다면 아이가 수학 공부를 즐거워하지 않는다는 의미이다. 수학공부가 재미없기 때문에 풀이과정을 안 적고 대충 넘어가는 습관이 생겼을 수 있다. 흥미를 찾으면 능동적으로 즐겁게 수학을 대하게 된다.

풀이과정을 적는 습관을 들여야 나중에 피드백을 할 때도 내용이 풍성해질 수 있다. 풀이과정을 체계적으로 적지 않으면 피드백을 제대로 받지 못해 다음에 또 틀릴 수 있다. 이제부터는 체계적으로 적어나가는 습관을 기르자. 그보다 먼저 수학을 재미있게 공부하는 방법을 찾아야 겠다.

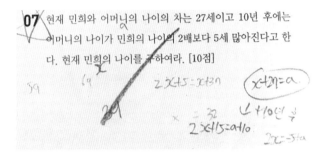

Q12 틀린 문제를 또 틀려요

틀린 문제에 대해서는 오답 노트를 만들어 완벽하게 이해하고 넘어가야 한다. 앞 페이지에는 오답문제를, 뒤 페이지에는 오답문제에 대한 풀이를 정리한다. 완벽히 소화한 문제는 오답 노트에서 삭제하는 과정을 반복하면서 모르는 문제와 유형을 줄여가자.

연습장에 문제를 풀면 필요한 연산만 써서 초기 습관을 잡는 데 좋지 않으니 줄노트에 문제를 풀자. 줄노트에는 어떻게 정리하면 좋을까? 다음과 같은 방법을 이용해보자.

오답노트나 오답 주머니 등을 예쁘게 만들어 활용해도 좋다. 아니면 연습장에는 문제를 풀고 문제집에는 답만 적고 나서 채점한 다음, 틀린 답만 다시 지우는 방식도 활용하자.

Q13 손가락셈을 하고 계산이 느려요

손가락셈은 초등 1학년에게 흔하게 있는 행동이다. 이때는 구체물을 가지고 학습하는 시기로, 손가락을 사용하는 것 역시 그중 하나로 볼 수 있다. 그러니 아이의 손가락셈을 굳이 막을 필요도 없고, 크게 고민하지 않아도 된다.

하지만 손가락셈을 하면 두 자리, 세 자리로 넘어가면서 확장성이 떨어져 문제가 될 수 있다. 또 2학년이 되면 곱셈까지 등장하니 덧셈뺄셈은 1학년 때 충분히 익숙해져야 한다. 손가락 대신에 먼저 성냥개비나 클립 등 실물을 사용해 반복적으로 덧셈뺄셈을 학습하도록 한다. 그다음 머릿속으로 성냥개비나 클립으로 계산했던 상황을 떠올리는 연습을 한다. 이게 익숙해지면 차차 정확도가 높아지고 속도도 빨라진다. 책상에 10을 이루는 두 수를 붙여놓고 반복적으로 보게 하는 것도 좋다.

일상에서 수학 연산을 가볍게 자주 접하는 것도 중요하다. 외출했을 때에도 함께 다니면서 가볍게 연산 퀴즈를 서로 내는 것도 도움이 된다. 정육면체, 구, 원기둥, 세모, 네모, 동그라미 등을 이용하여 덧셈뺄셈을 재미있게 하는 방법도 좋다.

1학기 교과서에 나오는 내용처럼, 바둑돌 가져다 놓고 가르기·모으기를 한다든지, 5 이하의 숫자로 계산하는 것을 익숙하게 만들어 조금씩 숫자의 크기를 늘려가는 방법도 추천한다. 생활 속에서도 과일을 먹을 때 몇 개씩 나누어 주고 총 몇 개인지, 놀이할 때 블록의 개수, 자동차의 번호판 숫자 더하기 놀이, 직접 문제 만들기 등 숫자의 감을 키우도록 생활 속 놀이를 만든다면 익숙해질 것이다. 이런 반복활동으로 머릿속으로 숫자를 그리고 연산하면 손가락셈은 자연히 해결될 현상이다.

Q14 문제집에는 답만 적고 화이트보드에 문제를 풀어요

크게 나쁘다고 할 수는 없다. 한 문제집을 여러 번 풀어볼 수 있는 장점이 있다. 하지만 여러 번 문제를 풀어보지 않을 거라면 권할 만한 방법은 아니다. 풀이가 남아 있어야 지도하는 사람이 보고 어떤 부분이 부족한지 알고 고쳐줄 수 있다. 책에 직접 푸는 것이 싫다면, 연습장이나 풀이노트에 풀이를 하는 게 필요하다. 만약에 화이트보드가 익숙하다면 식을 체계적으로 써서 풀게 하고, 보드에 푼 것을 엄마가 확인해주도록 한다.

Q15 수학, 기초가 부족해요

수학은 다른 암기과목과 달리 수직 연계형 나선형 구조의 학문으로 체계적인 학습이 필요하다. 설령 외우기식으로 벼락치기를 해서 고득점을 받았다 하더라도 이해하면서 공부한 게 아니라면 금방 잊어버리게 된다.

기초를 다지는 첫 단계는 수학 교과서와 수학익힘책으로 공부하는 것이다. 학교 수업에서 배운 내용은 예습과 복습, 개념 확인, 기본·심화 문제 풀이의 단계로 학습하고, 각 단원은 기초 개념부터 익힐 필요가 있다. 개념 문제집 한두 권을 준비해서 매일 배운 부분을 3~5장 꾸준히 풀고 다음 날 선생님과 채점하면서 실력을 다져보는 것도 좋은 방법이다.

그리고 '나만의 수학 개념 공식 노트'를 만들어 학교에서 배우는 내용을 정리해보자. 그다음 다양한 놀이형식과 이야기형식의 문제로 다지자. 스도쿠나 칠교놀이 등 교구를 만지며 개념과 기초를 다지는 방법도 추천한다.

이제껏 흥미가 없어 건성으로 넘긴 부분이 있다면 확실히 메우고 넘어가도록 한다. 인터넷이나 동영상 강의를 통해 부족한 부분의 개념을 듣고 난 후 문제를 푸는 것도 도움이 된다.

Q16 논술에서 그림만 보고 글은 안 보는 습관이 있어요

먼저 그림이 많고 글은 적은 책, 만화책 등 흥미를 끄는 책으로 접근해야 한다. 게임과 관련된 책이라도 사주고 읽게 한 후 어떤 점을 기억하는지 꼭 확인하자. 수학에도 독해력은 중요하므로 독서는 필수다. 독서를 힘들어하면 국어책을 소리 내어 읽는 연습으로 출발하자. 단어, 의미, 구별로 띄어 읽는 연습을 하면 독해력 향상에 도움이 된다.

Q17 서술형 문제를 어려워해요

서술형을 잡는 데는 독서가 관건이다. 독서는 수학의 독해력과 어휘력을 높일 수 있는 가장 효과적인 학습법이다. 서점에 가서 아이에게 책을 직접 고르게 하고, 읽은 후 느낌을 부모가 물어보면서 습관을 만들어도 좋다. 책 주인공에게 편지 쓰기, 기억에 남는 장면 그리기, 시로 표현하기 등 다양한 활동으로 책에 대한 이해를 도울 수 있다. 이런 활동들이 자연스럽게 진행된다면 어휘력과 문장 이해력이 발달하면서 서술형 문제를 읽고 이해하는 데도 도움이 된다.

인터넷 강의로 학습하게 하고 부모는 피드백만 하는 방법도 있다. 아이가 자신이 약한 부분을 인터넷으로 반복해 듣고 문제를 푼다면 부족한 부분을 충분히 메울 것이다. 매일 30분 정도 이렇게 공부하고, 틀린 문제나 어려운 문제는 일주일에 2~3회 부모가 피드백하면 된다.

Q18 수학 공부는 적당히만 하면 된다고 말하는 아이

공부 자체를 즐기지 않는 것 같으니 먼저 학습 습관을 제대로 잡아주는 게 필요하다. 아이가 수학 공부는 적당히만 하면 된다고 말하는데, 왜 이런 생각을 했을까? 첫째, 수학을 어려워해서일 수 있다. 자신의 수준보다 높은 것을 공부하다가 흥미를 잃고 미처 기본을 채우지 못하다 보니 어려워져 피했을 수 있다. 둘째, 아예 못 풀 것 같아서 미리 '적당히만 하면 돼!' 생각하고 수학에 대한 거부감과 두려움으로 어떻게든 안

하고 버텨보려는 행동일 수 있다. 문제를 풀고 싶어 하도록 그 열정을 찾아준다면 수학에 대한 생각도 자연히 고쳐질 거다. 먼저 지금보다 쉬운 문제로 기초를 잡아주자.

아이에게 '이거 잘 생각하면 엄청 쉬운 문제야'라는 말은 안 하는 게 좋다. 아이가 '엄청 쉬운 문제인데 내가 못 풀었다'는 생각을 할 수 있다. 아이도 평균 수준만 하면 괜찮다는 생각은 버려야 한다. 이런 생각이 있다면 사실 수학을 즐겁게 공부하기 힘들다. 일단 아이의 수학에 대한 마인드부터 바꿔주도록 하자.

Q19 쉬운 문제를 자주 놓쳐요

이런 경우 아이에게 문제를 빨리 풀려고 하는 학습 부담감이 있을 수 있다. 이렇게 문제를 빨리 풀려고 하다보면 자기도 모르게 하게 되는 실수로 인해 수학이 부담스러워질 수 있으니 빠른 개선이 필요하다. 난이도를 낮추고 학습량을 줄여야 실수가 줄고 실력은 향상될 수 있다.

Q20 규칙성 찾기 문제를 어려워해요

규칙성을 찾는 문제에 강해지기 위해 쉽게 이용하는 것이 수학 퍼즐이다. 사실 수학 퍼즐의 경우 분석 및 분류하는 활동으로 수학적인 능력이 향상될 수는 있지만 모든 규칙성 찾기 문제를 잘 풀 수 있는 방법은 아니다. 공부를 공부로 받아들이지 않고 놀이나 취미생활로 생각하기 때문이다. 어디까지나 놀이는 보조수단이고, 정통적인 수학교재로 공부하는 습관이 필요하다. 규칙성 찾기 문제에 익숙해지려면 도형, 모양, 회전, 반복, 색, 사칙연산, 수 등 다양한 유형의 문제를 접하는 것이 가장 좋고, 도형 개념은 학년에 맞는 교구를 이용하면 좋겠다.

Q21 산만하고 집중하는 시간이 짧아요

이 경우에는 보통 다양한 것에 흥미가 있는 아이들이기 때문에 매체가 많을수록 즐겁게 공부할 것 같다. 학원 수업, 학습지로 개인 공부, 인터넷 강의, TV 시청 등 다양한 경험 속에서 흥미를 갖고 집중할 수 있게 방법을 찾자. 다만 같은 것을 반복하면 금방 지루해할 수 있으니 요일별로 다채롭게 구성하자. 집중하는 시간이 필요하므로, 짧게 여러 번 집중하는 상황을 만들며 조금씩 늘려가는 게 좋다. 예를 들면 아이 스스로가 서술형 문제를 만들어보는 것도 도움이 된다. 이런 아이들의 경우 문제를 굉장히 어렵게 만든다. 만든 문제를 엄마가 한번 풀어보고 아이가 채점해보게 하자. 이렇게 하는 과정에서 오래 앉아 있는 습관이 들고, 재미있고 효과적으로 수학 공부를 하게 된다. 함께 토론하며 공부하는 것도 좋은데, 스터디 그룹에서 활동하면 훨씬 더 발전할 수 있다.

소리 내어 읽으며 문제를 푸는 것은 자신에게 집중하기 위한 행동으로, 공부에 방해만 안 된다면 오감을 활용하여 학습하는 것은 좋다. 공공장소에서는 입만 움직인다든지, 밑줄을 그으면서 마음속으로 읽는다든지 하는 개선방법을 추천한다.

Q22 아이가 수학을 싫어해요

아이들이 수학을 싫어하는 이유는 여러 가지 있지만, 일반적으로 과도한 학습량, 암기식 공부, 자신의 능력에 맞지 않는 어려운 문제풀이가 대표적이다. 이런 상황이 반복되다보면 수학에 대한 흥미를 잃어 거부감이 더 커질 수 있기 때문에 분명히 조절해줄 필요가 있다.

이 시기에는 아이에게 수학에 대해 긍정적인 마음을 갖게 하는 게 가장 중요하다. 수학에 대한 관심과 흥미가 있어야 그 가치를 이해하게 되고 수학에 대한 긍정적인 태도도 길러진다. 초등 시기는 수학에 대한 흥미와 가치를 형성하는 중요한 때다. 따라서 재미있는 수학 활동을 통해 즐거움을 느끼고 수학에 자신감을 형성하도록 도와야 한다. 지루하고 재미없는 학습은 수학을 어렵고 하기 싫은 것으로 인식하게 만든다. 아이들이 좋아하는 놀이나 게임으로 수학은 재미있다는 걸 자연스럽게 느끼게 만들어주어야 한다. 수학에 대한 부담감을 주지 말고 놀이와 게임으로 재미있게 학습하도록 유도하는 게 좋다.

예를 들어 아이의 수학 공부에 대한 흥미를 높이고 실력도 쌓을 방법으로, 시중에 나와 있는 수학 만화책이나 수학 동화책을 읽고 그것을 그려보거나 만화 속 대사를 똑같이 써보면서 반복적으로 학습해볼 수도 있다. 또 수학 개념이나 용어 정의를 만화 대사로 바꾸어 보자. 이렇게 단원별 교과 내용을 만화로 만들어 공부하고 친구들에게도 보여 반응이 좋으면 수학에 대한 아이의 관심이 높아질 수 있다.

수학과 관련된 미술전시회를 관람하면서 화가들은 수학을 어떻게 활용했는지 설명해주거나, 집에서도 수학 원리를 작품에 반영한 사람의 작품을 보며 이야기를 나누면 동기부여가 된다. 수학을 싫어하는 아이가 수학개념을 익히면서 깨닫는 과정을 만화로 그려보자. 수학에 대한 거부감이 사라지면 개인 교습 선생님이나 학원 선생님 등과 기초 개념을 익히고 기본 문제풀이까지 한 다음 인터넷 강의를 활용해보자.

Q23 텔레비전을 보면서 공부해요

처음부터 텔레비전을 보는 시간과 학습 시간을 철저히 분리하려 하면 아이가 힘들어할 수 있다. 이때는 동영상 강의를 활용하는 문제집으로 수학에 대한 흥미를 일깨워주도록 한다. 일단 해야 할 공부 분량을 제시하고, 이것을 무조건 마쳐야 TV를 보게 해주겠다고 단호하게 약속하는 것도 좋다. 문제 수를 최대한 적게 주고 한 문제 푸는 시간을 충분히 주자. 조용한 환경에 혼자 오래 있는 연습도 되고 실력도 차차 향상될 것이다.

공부 잘하는 아이들은 학습습관이 좋은 아이로, 습관은 어릴 때부터 잘 잡아야 한다.

Q24 사고력 수학을 어려워해요

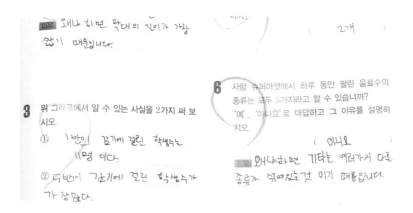

보통 아이들이 사고력 수학을 어려워하는 이유는 크게 두 가지다. 첫 번째, 긴 문장의 문제를 분석하는 능력이 부족한 경우로, 독서가 부족

하거나 언어성이 부족해서다. 두 번째, 수학 개념을 이해하지 못하고 문제를 풀기 때문이다. 개념은 수학의 기본인데, 기본이 안 됐으니 사고력 문제도 자연히 풀지 못한다.

사고력 수학은 기존 수학의 개념을 많이 차용한다. 사고력 수학 실력을 키우려면 교과 공부를 충실히 하면서 개념을 다져야 한다. 비슷하게 나오는 사고력 수학은 패턴이 있어 반복 연습으로 유형을 파악할 수 있다. 사고력 수학 문제는 다방면으로 생각해 제대로 핵심을 짚어야 하므로 어렵게 느껴질 수 있지만 위축될 필요는 없다. 개념을 다시 다지고 편안한 마음으로 도전하도록 한다.

사고력 수학 문제를 풀 때는 정답보다는 풀이 과정에 충실해야 한다. 틀린 문제는 반드시 오답 노트에 정리하고, 엄마에게 설명해보자. 문제집에서 벗어나 사고력을 키우려면 독서록에 수학적 사고 칸을 만들어보자. 책 속에 숨어 있는 수학 원리를 정리하고, 그런 게 없다면 등장인물의 수나 특징 등으로 상상력을 통해 직접 수학 문제를 만들어보는 활동을 추천한다.

"수학은 다른 사물에 같은 이름을 붙이는 기술이다."

– 앙리 푸앵카레 (Henri Poincare)

3부

초등수학
방학공부법

01 여름방학, 아이에게 맞는 수학학습법을 찾아라

　여름방학을 얼마 앞두고도 마냥 기쁘지만은 않은 아이들. 학기 중보다 방학 때 엄마의 잔소리를 더 많이 들어서라고 한다. 하지만 엄마들의 잔소리가 심해지는 데도 이유는 있다. 방학 동안 새 학기에 대비해야 하기 때문이다.

　한 설문조사 결과에 따르면 학부모의 절반 이상은 이렇게 새 학기에 대비해야 한다는 조급함으로 방학 중 자녀에게 매일 2시간 이상을 꼭 학습시킨다고 답했다. 학기 중에는 방과 후 매일 두 시간씩 공부하기가 사실 쉽지 않다. 특히 저학년은 더 힘들다. 하지만 방학 때는 '학교에 안 가니까 더 많이 공부해!' 이런 생각이 은연중에 자리해 많이 시킬 수 있다. 하지만 공부하는 만큼 뛰어놀아야 하는 게 방학이다. 특히 여름방학 때는 체험학습이 집중되어 있으니 아이들과 함께 다녀보는 것도 괜찮다.

방학이란 '이것저것 해보는 시기'이고 '부족한 과목을 보충하기 가장 좋을 시기'이기도 하다. 따라서 체험과 학습을 반반씩 효율적으로 하는 게 중요하다. 특히 수학은 연계학문이라서 방학 때 보충해두지 않으면 따라가기 힘들다.

그렇다면 방학 때 수학공부는 어떻게 시켜야 할까? 이번에는 우리 아이에게 맞는 방학 동안의 수학학습법을 찾아보자.

학원 vs 공부방

Q01 방학 때 우리 아이의 수학공부, 하면 가장 먼저 시도하는 게 학원일 텐데?

그렇다. 학원의 경우 매일 일정한 양의 진도를 나가고 숙제도 내주니까 아이가 게을러지지 않고, 성적에 따라서 선택하여 보내면 맞춤 학습도 시킬 수 있다는 장점이 있다. 하지만 아이가 만약 학원에서 제대로 공부하지 않고 매일 오가기만 한다면, 그리고 자칫 진도나 난이도가 자신에게 맞지 않는 반에 들어간 경우라면 오히려 공부에 대한 흥미를 잃을 수 있으니 잘 알아보고 선택하는 게 중요하다.

Q02 학원 수업이 필요한 아이와 학원을 피해 다른 학습법을 택해야 할 아이를 구분한다면?

경쟁 구도에서 시너지 효과를 나타내는 아이들이 있다. 긴 시간 혼자 공부하기 힘들어하는 아이는 학원에서 친구들과 함께 공부하면서 모르는 것을 묻고 답하며 선의의 경쟁으로 성적이 오를 수 있다.

하지만 자기주도학습 능력이 떨어지거나 학습 의지가 약한 아이, 인터넷 중독인 아이는 긴 시간 혼자 있는 것이 좀 위험하다. 이런 아이들은 혹여 학원을 보내도 학원에 간다고 대충 둘러대고 PC방에 가 있을 수 있다. 열심히 공부하겠거니 그냥 내버려두지 말고 선생님과 수시로 연락하면서 체크해야 한다.

아이들 중에는 자기가 공부하거나 문제를 풀면 엄마나 친구, 선생님이 그 모습을 지켜봐주길 원하고, 인정받길 원하는 아이가 있다. 이처럼 혼자서 공부하는 게 싫고 힘든 아이는 선생님과 친구가 있는 학원이 제격이다. 그리고 계획을 실천하기 싫어하는 게으른 아이도 일단 학원을 보내면 그게 일과가 되고 공부시간도 확보하니까 학원이 맞을 수 있다. 맞벌이 부모들에게는 학원만큼 마음 놓고 보낼 수 있는 곳이 없다. 종일반, 특히 수학은 매일 꾸준히 하는 곳으로 보내면 좋다. 이 경우 수업을 잘 따라가는지 수시로 체크하는 것은 필수다.

Q03 학원에서의 효과적인 학습법이 있다면?

학원에서의 효과적인 학습법은 성적별로 다르겠다. 상위권 초등학생은 예습 위주로 공부하는 학원을 다니면서 다음 학기나 다음 학년의 기초를 다지면 된다. 조금은 의욕적인 선생님과 함께 수업을 한다면 금상첨화다. 집에 돌아오면 배운 내용을 개념 위주로 복습하는 것도 반드시 필요하다.

중하위권 학생은 매일 한 시간 이상은 꾸준히 공부해야 한다. 그리고 자상한 스타일의 수학 선생님이 있는 소수정예나 집중 학습식의 학원을 이용할 것을 권한다. 집에서의 수학공부는 매일 꾸준히 하는 게 맞지만, 학원 수업은 주 3회를 넘지 않는 것이 좋다. 매일 학원에서 공부하고 집에 와서 그것을 복습하고, 또 다른 과목까지 쌓이면 방학이 너무 부담스럽다. 진도가 끝나도 남는 것이 없을 수 있으니 예습은 주 3회 정도가 적당하다. 중하위권 학생들의 경우는 사실 예습보다 복습이 더 중요한데 대부분의 학원에서는 예습에 초점이 맞춰져 있다. 그래서 수학 실력이 약한 학생에게는 꼼꼼하게 복습할 수 있는 공부방이 더 낫다.

Q04 학원보다 공부방에서 공부하는 게 더 효과적인 아이란 어떤 아이인지 구체적으로 알려준다면?

학원은 정해진 시간에 집중적인 지도, 즉 학습능력 향상에 목적이 더 강하다면, 공부방은 학습보다는 보육과 케어의 개념이 강하다. 그래서 초등학교 저학년의 경우 공부방을 많이 활용하고 고학년이 될수록 학원을 많이 다닌다. 저학년 아이라면 여러 사람이 함께 하는 걸 좋아하지 않는 아이, 성적이 정말 좋은 아이를 제외하곤 보통 공부방이 적합하다. 먼저 공부방에서 배운 아이들의 이야기를 듣고, 자녀와 맞는 선생님을 찾는 게 공부방을 활용하는 좋은 예이다.

내성적인 성향에 이해력이 상대적으로 떨어지는 아이들은 공부방이 맞고, 학원식 수업보다 조금은 더 꼼꼼한 학습을 받길 원하는 학생들도 공부방이 좋을 수 있다. 방학이니 매일 수학공부를 한 시간 이상씩 하고, 부족한 부분을 선생님과 복습한다면 수학성적을 향상시킬 수 있다.

Q05 엄마들이 학원이나 공부방을 선택할 때 특히 주의해야 할 점이 있다면?

부모가 선행에 대한 부담을 갖고 학원을 선택하면 학원과 공부방에서도 부모의 요구를 충족시키기 위해 선행진도나 문제집 양에만 초점을 맞춰 아이를 지도하게 되니, 아이의 수준에 맞게 지도해 달라고 요구해야 한다. 그리고 아이가 학원 수업을 이해하고 있는지 확인하는 것이 필요하다. 학원이든 공부방이든 아이가 정말 지치고 힘들어할 수 있다. 아이가 다니기 싫어한다면 윽박지르기보다 왜 그러는지 이유를 잘 들어보고 다른 공부법을 제시해주자.

1:1 지도

Q06 아이의 수학성적이 걱정되는 부모는 방학 때 1:1 지도를 고민하는데, 어떤 아이에게 적합할까?

수학 대부분의 단원을 다 잘하지만, 특정 부분과 특정 단원에 약한 아이가 있다. 또한 여럿이 함께 있을 때 쉽게 분위기에 휩쓸리는 아이나 산만한 사고뭉치 아이는 1:1 개인지도만큼 효과적인 게 없다.

중·고등학교 학생들 중에도 학교나 학원에서 수업 진도가 빠르고 설명이 자세하지 않다고 느껴 잘 따라가지 못하는 경우에는 개인지도를 고려해볼 만하다. 인터넷 방송을 보면서 이해가 잘 되지 않아 스스로 공부하기 어려운 아이들이나 질문을 많이 하는 학생들에게도 꼼꼼한 설명을 들을 수 있는 개인지도가 좋다.

Q07 그렇다면 '유형에 맞는 선생님'과 '아이에게 좋은 선생님' 중에 누가 적당할까?

보통 초등학생들은 개인 선생님으로 쾌활하고 다정한 선생님을 좋아한다. 자주 칭찬해주고, 자신의 사소한 특징이나 자신이 했던 말을 기억해주는 선생님을 좋아한다. 이런 선생님을 선택하는 게 좋고, 사실 초등에서의 학습 내용이나 원리는 어렵지 않기 때문에 쉽게 설명하는 스킬을 가진 선생님이 좋다.

개인지도 선생님을 선택할 때는 30분 이내로 시강을 한번 해보게 하는 것도 좋다. 성적이 좋은 아이에게는 이해를 잘하고 문제해결력이 뛰어난 것에 대해 칭찬해주면서 조금씩 도전할만한 거리를 적극적으로 제공하는 선생님을 권하고, 기본 실력이 조금 부족한 아이에게는 실력에 맞는 쉬운 문제를 지속적으로 주면서, 틀리는 것에 대해 부끄러움을 느끼지 않도록 배려해주는 선생님을 권한다.

Q08 선생님과 함께하는 수학 학습시간은 어느 정도가 적당할까?

초등학생의 경우 수학 개인지도는 일주일에 세 번 1시간 정도로 하면 적당하지만, 개인지도로 배운 내용을 복습하는 것은 매일 이뤄져야 한다. 선생님과 함께 푼 문제집을 다시 풀어보고, 분량이 적은 다른 문제집을 한 권 정도 더 풀어도 되고, 수학책과 익힘책으로 다시 복습해도 된다. 공부하는 시간도 중요하지만 규칙성이 더 중요하다.

Q09 요즘 화상으로 1:1 개인지도를 많이 받는데, 이런 학습법은 어떤 학생에게 좋을까?

화상과외는 1:1로 가르치는 개인지도의 개념, 즉 컴퓨터로 하는 쌍방향학습으로 인터넷 강의와는 구분해야 한다. 인터넷 강의는 불특정 다수에게 강의하는 학습이기 때문이다. 각각 과외와 학원의 인터넷 버전으로 생각하면 되는데, 자기주도학습이 잘 되어 진도를 쭉쭉 나갈 때는 인터넷 강의가 좋고, 기초를 다지면서 꼼꼼하게 학습해야 할 때는 화상과외가 좋다. 하지만 화상과외는 선생님이 아무리 좋은 이야기를 해도 바로 옆에서 해주는 게 아니므로 대답만 하고 흘려버릴 우려가 있다. 엄마가 집에서 관리해줄 수 있는 아이라면 화상과외도 권하지만, 아이가 잘 듣고 있는지 알 길이 없이 바쁜 부모라면 개인지도를 하는 게 낫다.

스스로 학습

Q10 엄마들은 스스로 학습을 원하는데, 엄마가 온전히 학습을 맡길 수 아이는 어떤 아이일까?

기본학습 능력이나 개념이 탄탄하게 잡힌 아이라면 가능하다. 쉽게 말해 상위권인 성적이면 아이를 믿을 만하다. 그렇다고 성적만 상위권이라 해서 무조건 되는 건 아니다. 문제집이든 오답정리든 혼자 쓱쓱 해나갈 습관을 지닌 아이라야 한다. 성격적으로 매우 소극적이거나 다른 사람의 개입을 불편해하고, 관심 받을 경우 집중력이 떨어지는 아이가 좋다.

Q11 여름방학 때 수학에서 자기주도학습 능력을 키우려면 무엇부터 어떻게 해야 할까?

긴 시간을 어떻게 구성하고 어떻게 효율적으로 활용할지 계획을 꼼꼼하게 세우는 게 첫걸음이다. 혼자 하는 학습이라면 문제집 풀이, 오답노트 정리, 인터넷 강의 등으로 나눌 수 있다. 능력에 맞는 문제집을 풀고, 적합한 인강을 선택하는 것 등이 자기주도학습의 시작이다.

수학 선행을 한다면 자신의 스타일에 맞게 설명이 줄글로 잘 나와 있는 개념서를 읽고 정리하면서 공부하거나, 인터넷 강의로 전체적인 흐름을 익히고 개념서로 다시 정리하자. 그리고 나서 그 개념에 맞춘 기본 문제를 직접 풀어보면 된다. 기본문제 풀이의 목적은 개념을 이해하는 것이니 정답률에 연연하지 않고 이 과정을 반복하다보면 자기주도학습 능력이 커질 수 있다.

후행을 한다면 한 학기 전체를 하기보다 모르는 부분을 골라서 학습하는 것이 효과적이다. 이때 '교과서 → 개념서 → 기본문제 풀이' 순으로 진행하면 모르는 걸 알게 되고 스스로 학습의 출발점이 될 것이다.

Q12 올바른 문제집을 선택하는 것이 자기주도학습의 첫걸음인데, 어떻게 골라야 할까?

상위권의 초등학생은 심화문제, 서술형 문제, 창의력 문제 등이 비중 있게 나온 문제집을 선택하여 방학 때 실력을 다지는 게 좋다. 중위권의 초등학생은 문제의 양이 많고 다양하게 구성된 문제집을 선택하자. 하위권의 초등학생은 먼저 교과서와 수학 익힘 문제를 꼼꼼히 푼 다음, 수학에 자신감이 생기면 비교적 쉬운 기본문제와 개념이 자세하게 설명된 문제집을 선택하자.

Q13 인터넷 강의도 필요하다고 했는데, 인터넷 강의를 효율적으로 활용하는 방법이 있다면?

인터넷 강의는 언제든 다시 보기가 가능하므로 이해하지 못한 단원을 표시해 두었다가 골라서 듣는 게 가장 효과적이다. 하지만 실제 인터넷 강의를 들을 때는 두 번 다시 되풀이해 듣지 않겠다는 각오로 수업을 들어야 효과가 있다. 게임, 웹툰, 인터넷 서핑 등의 유혹을 이겨낼 절제력이 있다면 활용해도 좋다. 보고만 있는 것은 인터넷 강의의 가장 큰 독이다. 강의를 다 듣고 난 다음에는 해당 문제집을 다시 풀어보고 오답노트 정리하는 등의 후 활동까지 꼭 이루어져야 한다. 모르는 내용은 질문 게시판을 활용하도록 한다. 인터넷 강의에서는 질문을 할 수 없다고 생각할지 모르겠지만 질문 게시판에 질문을 올리면 자세하고 친절한 답변을 받아볼 수 있다.

Q14 그렇다면 초등 아이에게 적당한 맞춤 강의는 어떻게 찾아야 할까?

인터넷 강의를 고를 때는 개념을 알기 쉽게 설명해주는지를 확인하자. 만화나 게임 등으로 지루하지 않고 재미있게 구성되어 있으면 아이들이 더 좋아한다. 틀린 문제에 대한 오답노트와 오답해설 강의를 제공하는 강의가 좋고, 기본 개념부터 심화, 서술형 등 다양한 형태의 문제를 포함하고 있는지도 확인하자. 리뷰평가를 참고하는 것 역시 도움이 된다. 마지막으로 맛보기 강좌를 통해 강사 선생님의 강의 스타일이 아이에게 맞는지도 확인해야 한다.

Q15 아이의 자기주도학습 능력을 길러주려면 엄마의 역할이 클 것 같은데?

그렇다. 학원이나 개인지도 모두 아이의 학습습관을 잡아주는 것이 주된 목적이고, 궁극적으로는 자기주도학습에 도움이 되는 공부법이라고 할 수 있다. 그래서 계속 엄마가 적극적으로 체크하라고 이야기해주는 것이다. 그리고 카더라 통신으로 아이에게 부담을 주는 건 무조건 금지해야 한다. 수학원리 개념 이야기책이나 관련 애니메이션, 다양한 콘텐트를 제공하면서 전반적인 이해를 넓혀주는 역할도 중요하다. 자녀 교육에서 베스트 지도 방법은 칭찬과 인정이다. 작은 칭찬거리를 찾아서 자주 인정해주고 칭찬해주자.

⁂ 수학성적 향상을 위한 '일십백천' 프로젝트

일 – 하루에 한 문제 이상 질문하고,

십 – 하루에 열 문제 이상 풀고,

백 – 백 분 이상 공부하면,

천 – 수학 천재가 된다.

---

02 겨울방학 동안 수학성적 올리는 방법

방학이라고 하면 옛날에는 친구들과 마음껏 놀고 친척집에 놀러 가거나 아니면 여행을 떠나는 등 즐겁게 보내는 시간이었다. 하지만 요즘은 사교육의 활성화로 방학이 방학처럼 느껴지지 않는다.

방학은 아이들이 학기 중에 못한 공부를 보충하는 시간이 되어야 한다고 보통 부모들은 생각한다. 하지만 특히 겨울방학은 아이들의 학년이 달라지는 시기이기 때문에 미리 대비하는 것이 필요하다.

복습 위주로 공부하고 '연산'은 수학의 첫걸음!

Q01 새 학년을 앞두고 예습으로 선행을 해야 할지 복습으로 보충할지 고민이 많을 텐데?

겨울방학에는 당연히 복습을 위주로 공부해야 한다. 사실 개인적인 생각으로는 초등학교 선행을 권하지 않는다. 진도를 빨리 나가 미리 아는 것보다 탄탄하게 알아두는 것이 중요하다. 현재 교육과정 변화의 흐름을 보면 기초개념을 확실히 알고 수학적 사고력을 기르게 하는 것에 초점을 두고 있어서 수학의 양도 점점 줄고 있다. 선행을 한다고 해서 남들보다 더 많이 아는 것도 아니다.

Q02 복습 위주로 공부해야 한다면, 선행은 하지 않고 올라가도 괜찮은 걸까?

선행하려고 학원을 찾는 학부모와 학생들이 많지만, 오히려 개인별 특성을 고려하지 않는 학원의 레벨 테스트 등으로 좌절하는 아이들도 있다. 굳이 선행을 한다면 학교에서 수업하기 전에 배울 내용을 한 번쯤 읽고 어려운 개념이나 용어를 미리 이해하는 정도로 하는 것이 좋다. 그야말로 예습한다는 개념으로 공부하는 것이 좋다.

Q03 그렇다면 복습은 어떻게 해야 효과적인지 자세히 짚어본다면?

학교에서 배운 내용을 선생님처럼 엄마에게 설명해주는 방법으로 아이의 공부에 대한 이해 수준을 파악할 수 있다. 그러면 더 확실한 복습이 이루어진다. 관련 문제는 매일 5개에서 10개씩 아니면 하루 두 장 정도, 이런 식으로 양을 정해놓고 매일 꾸준히 복습하는 게 핵심이다.

학년별로 복습의 중점을 뽑아본다면, 1학년 때에는 더하기, 빼기, 한 자릿수 받아올림과 받아내림이 무리 없이 이루어지는지, 어렵지 않은 문제집 한 권 정도를 함께 풀면서 확인하자. 굳이 예습을 하고 싶다면 2학년 때 나오는 시계 보는 법을 공부하는데, 직접 시계를 보면서 시간을 읽을 정도면 충분하다.

2학년 때는 받아올림과 받아내림이 있는 덧셈뺄셈과 곱셈구구가 무리 없이 이루어지는지 체크하고, 잘 안 된다면 교과서로 개념부터 다시 복습시키는 게 좋다.

3학년 때는 학교에서 도형의 개념을 배운다. 도형을 직접 만들어 돌려보면서 개념 복습을 하면 좋다. 아이가 문제를 풀지 못한다면, 처음에는 부모가 지도한 후 다시 풀게 하고, 아이가 이해했는지 확인하고 나서 한 번 더 풀게 하자. 그렇게 문제를 푼 다음에는 다시 그 내용을 말로 설명해보게 하여 확실하게 익혔는지 확인한다. 복습이 필요하지 않은 아이들은 한쪽에는 친절한 설명이 있고, 다른 한쪽에는 몇 개의 문제로 구성된 얇은 자습서를 풀어보게 한다.

초등 고학년에 올라가면 새로운 개념은 물론 수학 용어가 많이 등장한다. 특히 한자어도 많이 나온다. 대분수, 진분수, 약수, 배수, 공약수, 공배수, 이등변삼각형 등 다양한데, 관련된 한자를 이용하여 개념을 이해시키는 게 필요하다. 수학 역시 정의로부터 파생된 과목이기 때문에 그 정의를 언어적으로 충분히 구사하는 게 복습에서는 매우 중요하다.

아이들에게 추천하고 싶은 시간표는 다음과 같다.

1	기상 후 산책과 조깅 등의 간단한 운동
2	**아침 한 시간 독서** 수학 관련 책도 좋지만, 일반 책을 읽으면 글자를 머릿속으로 추상화하는 연습이 되어 학교에 갔을 때 선생님 말씀을 잘 알아들을 수 있다.
3	**오전에는 집에서 일과·오후에는 방과후 학교** 과학실험, 항공과학, 요리, 바둑 등의 창의활동, 배드민턴, 배구, 탁구 농구, 플로어 볼, 악기연주 등의 예체능 활동과 창의 활동 두루 하기
4	**집에 돌아와 자유 시간 갖기** 독서나 보드게임, 친구들과 어울리기 추천
5	**저녁 식사 전 1시간 수학공부하기** 동영상 강의 20분, 문제집, 연산연습 풀이 등

※ 저녁 식사를 마치면 일기 쓰고, 책 읽고, 가족과의 대화로 하루를 마감하면 좋겠다.

예비 초등학생 – 수학의 기초가 되는 '연산'이 중요

Q04 초등학교 입학을 앞두고 있는 아이들에게는 어떤 교육을 시켜 주면 좋을까?

초등학교에 입학하기 전에는 다른 건 몰라도 연산은 해야 하지 않을까 생각한다. 어른과 달리 아이들은 아직 개수를 한눈에 파악하지 못한다. 그런데 수 세기에 도움이 되는 애플리케이션을 태블릿에 설치해 몇 번 반복하다 보면 수를 한꺼번에 보는 능력이 생긴다. 이렇게 수 세기에 익숙해지게 하는 것이 필요하다. 몇 번 반복하다 보면 손으로 세지 않고 즐겁게 수 세기가 가능할 것이다.

예비 초등학생에게는 일상과 놀이와 수학을 접목한 다양한 활동을 권하여 습관화하는 게 중요하다. 시중에서 예쁜 도장을 하나 구매하여 수를 불러주고 도장 찍게 하기, 스티커 붙이기, 계단 오르면서 수 세기 등을 하면 좋다. 직접 길이를 재보고 무게를 달아보며 양감을 익히는 것도 필요하다. 그래도 유난히 취약한 부분은 나타나기 마련인데 그럴 때는 서점에서 적당한 유아 수학책을 구매해 활용하면 좋겠다.

"신은 자연수를 만들었고,
나머지 모든 것은 인간이 만들었다."

– 레오폴드 크로네커 (Leopold Kronecker)

4부

초등 학년별
수학공부법

01 초등 1·2학년,
수학 학습동기 심어주는 시기

1 초등수학, 첫걸음 떼는 법

초등
1학년

수영부터 축구까지 다양한 활동을 즐기는 선아! 선아가 집중력이 금방 떨어지는 것 같다면서 혼자 생각하는 힘을 길러주고 싶다는 엄마. 엄마와 함께 공부하고 싶어 하는 선아와 스스로 하는 습관을 들이려는 엄마. 엄마는 선아를 어떻게 가르치면 좋을까?

Q01 아이의 학습, 어떻게 이끌어줘야 할까?

1학년 교실에서는 만들기, 그리기, 체육 등 활동 시간을 제외하면 글을 쓴다든가 수학 문제를 푸는 정적인 활동에서 10분 이상 집중하는 학생을 보기 힘들다. 엄마의 생각과 달리 선아는 1학년답지 않게 차분하고 집중력도 있어 보인다. 그런데도 아이가 따분해하고 집중력이 흐트러지는 이유는 엄마가 선아를 큰아이 대하듯 지도하기 때문이다. 현재 엄마의 학습 방식은 초등 1학년한테 맞지 않는다. 아이가 혼자서 문제집을 세 권씩이나 푼다. 지금은 아이 옆에서 지켜봐주면서 학습을 이끌어주는 게 절대적이다. 선아는 엄마를 좋아하니까 엄마와 선아의 사이가 안 틀어지는 놀이수학으로 접근하면 지금보다 훨씬 잘하겠다.

Q02 선아의 실력을 점검해본다면?

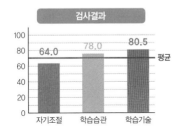

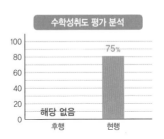

공부 진단검사 결과 (※창의적열정연구소 협조)

- -

수학 학습습관 검사

자기조절 64%(낮은 보통) | 학습습관 78%(높은 보통)

학습기술 80.5%(높음)

※ 강점 – 언어지능, 신체운동지능, 자연친화지능

수학성취도 평가 현행–75%(1학년은 현행만 평가)

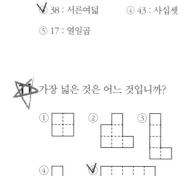

10 수를 잘못 읽은 것은 어느 것입니까?

① 23 : 스물셋   ② 32 : 삼십이

✓ 38 : 서른여덟   ④ 43 : 사십셋

⑤ 17 : 열일곱

11 가장 넓은 것은 어느 것입니까?

①   ②   ③

④   ✓

13 연결큐브가 다음과 같이 놓여 있습니다. 연결큐브가 50개가 되게 하려면 10개씩 몇 묶음을 더 놓아야 합니까?

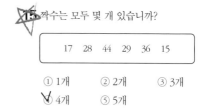

① 1묶음   ② 2묶음   ③ 3묶음

④ 4묶음   ✓ 5묶음

15 짝수는 모두 몇 개 있습니까?

| 17 | 28 | 44 | 29 | 36 | 15 |

① 1개   ② 2개   ③ 3개

✓ 4개   ⑤ 5개

정서적으로는 높지만, 자율성과 학습 동기가 낮다. 공부에 재미가 붙을 시기인데 반대로 재미를 잃어버렸고, 일시적인 스트레스성 우울도 있는 듯하다. 아무래도 새 학년이 되면 바뀐 환경으로 인해 위축되고 심적 부담감이 클 수 있으니 학습보다는 정서적인 피드백에 더 신경을 써줘야 한다. 집중력과 독서 능력은 오히려 또래보다 높고, 노트 필기 능력이나 수업 집중 능력은 매우 높다. 엄마는 이것을 칭찬하면서 가정 내 학습 관리를 지금과는 조금 다르게 부담을 줄이고 칭찬한다면 분명히 좋은 성과를 내겠다.

성취도 평가 점수도 이 정도면 괜찮다. 하지만 초등학교 1학년에게 문제집만 풀게 하는 것은 별로 권장하지 않는다. 지금 선아의 학습량은 많다. 이것을 선아가 잘 소화했다면 100점이 나왔을 것이다. 기본부터 다시 재미있게 가르쳐줘야 한다.

1학년 수학 익힘책과 수학 교과서를 집에 준비하고 학교 진도대로 엄마와 함께 풀어보는 정도로 하자. 응용문제를 풀게 하고 싶다면 혼자서 하루에 10분만 풀게 하자. 초등 1학년의 집중시간은 생각보다 길지 않다는 걸 꼭 기억하자. 문제 해석적인 부분이나 간단한 개념을 생활에 적용해본다면 더 잘할 것이다.

Q03 선아가 수학 공부를 즐겁게 할 수 있는 방법은?

엄마는 '내가 가르치면 사이가 안 좋아질 것'이라고 하지만, 선아는 '엄마가 항상 옆에서 가르쳐주면 좋겠다'고 말했다. 아이의 마음을 받아줘야 한다. 엄마가 하루 30분만 집중해서 수학을 가르치면 중간에 엄마를 부르는 버릇도 고쳐진다. 학습법을 바꾸면 분위기가 좋아질 수 있다. 책을 많이 읽고 수학 문제를 접하면 어휘력도 향상된다. 응용문제와 문장제 문제도, 엄마가 선아 옆에서 선아가 이해하도록 꼼꼼하게 가르쳐야 한다.

직접 지도는 최소한으로 하면서 옆에 머물러줘야 한다. 지금은 한 권의 문제집을 반복 학습하고, 학습지 선생님을 활용해도 좋겠다. 보드게임이나 다양한 교구를 이용하는 것도 추천한다.

Q04 엄마에게 조언을 한다면?

초등 1학년은 문제를 이해하지 못할 수도 있는데 생각할 시간을 주는 것은 오히려 고문이 될 수 있다. 이럴 때는 엄마가 물어보고 생각을 유도하자. 언어·신체·자연친화지능이 높은데 아이가 잘하는 활동으로 구성한 부분은 아주 좋다. 엄마가 아이의 기질을 잘 파악하고 있다. 엄마는 아이가 학교에 입학하니 교육 부담을 느끼는 듯한데, 부담을 내려놓아도 된다. 선아는 꾸준하게 나아가는 유형이므로 지켜봐주는 노력이 필요하다.

1학년은 학습력을 기르는 시기다. 긍정적인 생각으로 학습에 자신감을 가지도록 작은 성공에도 많이 칭찬해주면 좋겠다. 계획대로 생활하도록 유연한 학습 계획표를 함께 만들어 지키도록 한다. 그리고 저학년에게 독서는 중요하므로 동화책이나 그림책을 엄마가 읽어주거나 함께 도서관에 가서 책을 읽는 게 자연스러워지면 좋겠다. 아이에게 맞는 학습법으로 공부시켜야 한다는 것을 꼭 기억하자.

핵심 조언!

하나! 눈높이 맞추기! 아이의 눈높이에 맞춰 천천히 꼼꼼하게 지도하자.

둘! 시작이 반이다! 초등 1학년 아이가 수학 공부를 긍정적인 마음으로 시작하도록 돕자.

셋! 기다려주기! 아이의 집중력과 학습력이 기대하는 수준으로 오를 때까지 기다리자.

넷! 재미있게 접근! 수학 공부를 시작할 때는 놀이처럼 재미있게 다가가도록 도와주자.

체험을 통한 수학 공부가 실력을 키운다

1학년 들어가기 전 공부 준비는 어느 정도가 적당할까? 이제 막 1학년이 된 시우의 공부량이 적당한지 궁금하다. 매일 수학 학습지를 하는 건 기본! 일주일에 3번 이상 방문 선생님이 오는 등 빼곡하게 짜인 시간표. 과연 이제 갓 1학년이 된 아이에게 맞는 학습량과 시간은 얼마나 될까? 엄마도 아이도 모두 처음인 초등 1학년을 위한 수학 공부 방법부터 아이를 가르칠 때 화내지 않고 웃으며 공부할 수 있는 효과 만점 교수법까지 공개한다.

Q01 초등학교에 갓 입학한 시우가 지금 공부를 잘 하고 있는 건지, 또 학습량은 적당한지 궁금해 하는데?

이제 겨우 초등학교 1학년이 된 아이에게 강도 높은 학습 시간과 학습량을 부과하는 것은 좋지 않다. 1학년은 최대한 다양한 체험과 경험 활동을 권장하는 때다. 너무 정형화된 선행학습을 시키는 건 아닌지, 사실 지금 시우의 표정에서 밝은 모습을 찾을 수 없어 그 부분이 조금 우려된다. 중요한 건 아이가 즐겁게 공부하느냐다. 학습지 선생님을 기다린다든지, 문제를 더 풀고 싶어 한다든지 등 학습을 즐거워한다면 괜찮지만. 그렇지 않다면 줄이는 것이 필요하다.

엄마가 할 것을 모두 정해주면 고분고분 따르는 것처럼 보이기도 한다. 무엇보다 아이가 즐겁게 공부하도록 해야 한다는 것을 염두에 두고 대화를 통해 시간표를 짜자. 아이가 좋아하는 활동을 시간표에 넣자. 지금 이것저것 많은 것을 하려고 하기보다는 입학 후 아이의 공부 과정을 지켜보면서 필요한 것을 넣고, 학습량 또한 서서히 늘리는 방법을 추천한다. 입학 후에는 선행이 아닌 학교 수업을 복습해야 한다. 수학은 배운 단원에서 꼭 알아야 하는 문제의 유형을 익히는 것이 필요하므로, 계획표에 이런 세세한 것을 적어두면 좋겠다.

Q02 엄마의 노력에 시우도 연산을 잘하는 것 같은데, 실력을 확인한다면?

시우 정도면 초등학교 입학 후 학교 수업을 따라가는 건 문제가 없겠다. 1학기 수업내용을 어느 정도 선행했기 때문이다. 행여 부족한 부분이 있더라도 감정이 상하면서까지 미리 지도할 필요는 없다. 이런 묶음 문제 같은 경우 학교에서도 다양한 교구로 지도한다. 틀린 부분을 너무 급하게 생각하지 않는다면 그냥 놔두는 것도 한 방법이다. 앞으로 배울 내용이므로 시간이 지나면 해결된다. 지금 모르면 큰일 날 것 같지만 사실 그렇지 않다. 공부를 미리 알려주는 게 지금으로서는 큰 의미가 없다.

10단위 묶음 수는 덧셈 뺄셈을 완벽하게 이해한 후에 가르쳐도 늦지 않다. 연산 문제 푼 것을 보면 동그라미는 많지만, 아직 한 자릿수 덧셈과 뺄셈에 대한 개념이 명확하게 잡혀 있지 않다. 단순히 1+3, 6-2 이렇게 수식으로 나타낸 건 다 풀었지만 그림이나 말로 풀어서 제시한 문제는 틀렸다. 한 자릿수 덧셈과 뺄셈의 개념은 학교에서 곧 배우게 되는 내용이므로 지금 잡아주는 게 적절하다.

Q03 그렇다면 시우의 상황을 더 자세히 알아보기 위해 검사결과를 본다면?

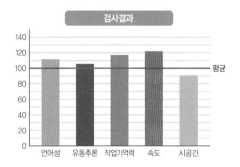

검사결과

공부 진단검사 결과 (※민성원연구소 협조, 미취학 아동용)

인지능력 104/140(평균, 상위 41%)

언어성 113/140(평균 상, 상위 20%)

시공간 90/140(평균, 상위 75%)

유동추론 107/140(평균, 상위 67%)

작업기억 117/140(평균 이상, 상위 13%)

처리속도 123/140(우수, 상위 6%)

※ 강점 – 상식, 처리속도

※ 약점 – 어휘, 문제해결력

수학성취도 평가는 1학년 1학기 과정 평가를 해봤는데, 그렇게 높지 않게 나왔다. 복습을 통해 수학적 사고력을 높일 필요가 있다.

Q04 1학년 1학기 공부를 미리 시켜봤는데 점수가 아주 높은 편이 아니었다, 어떻게 해야 할까?

초등학교 1학년은 문제집이나 기계적인 해결 방법이 중요하지 않다. 고등학교 3학년까지 이어질 수학 사슬의 첫 고리를 만드는 단계라는 것을 항상 기억하고, 단원별로 익혀야 할 개념을 확실하게 내 것으로 만들면서 체크하면 되겠다. 초등학교 1학년 때는 일상에서 수와 학습의 수를 연결 지으면 좋겠다. 도형 문제의 경우 학교 수업과 상관없이 원기둥은 캔이나 풀, 직육면체는 과자 곽이나 곽 티슈, 구는 공이나 구슬 등 일상 속에서 쉽게 접할 수 있는 입체도형과 연계시켜 특징을 떠올리게 하는 것이 필요하다. 전반적으로 문제해결력이 부족하니 평소 문제를 풀 때 보드를 활용해보자. 틀린 문제를 보드에 하루에 딱 두 개만 정리한 후 엄마가 힌트만 알려주고 아이 스스로 해결 방법을 찾아 풀게 한다. 잘하면 아이에게 칭찬하는 것도 잊지 말자.

Q05 방에 교구가 한가득인데, 교구를 잘 활용해서 즐겁게 공부할 수 있는 방법이 있다면?

수학 교구 중 1 낱개 모형과 10 모형, 100 모형이 있다. 실제 교구를 이용해 학습의 이해를 돕고, 또 10원짜리 100원짜리 동전을 이용해서 경제와 더불어 수를 배우게 하는 방법도 좋다. 일주일에 한 번 교구 선생님이 오신다고 했으니까, 교구 선생님과 상담하여 아이 지도법을 익히거나 교구 수업할 때 엄마도 함께 들어가서 유심히 본 다음 방법을 활용하자. 무엇보다 수업이 아닌 놀이로 인식하여 아이가 즐겁게 공부하는 것이 중요하다.

Q06 시우가 엄마와 함께 즐겁게 수학 공부할 수 있는 방법은?

엄마는 시우를 위해 수학체험 놀이학습으로 흥미를 유발하고, 수학 동화를 함께 읽고 느낀 점을 공유하자. 아이의 자신감을 높여주기 위해 엄마에게 문제 풀이 과정을 직접 설명하게 하는 것도 좋다. 글씨를 쓰는 것은 학교에 입학하면 유선 종합장과 10칸 쓰기 공책을 활용해서 자기 생각이나 의견, 정답 등을 쓰는 활동을 하면 된다. 미리 규제하기보다는 자유롭게 쓰도록 하되 수시로 '조금 작고 예쁘게 쓰면 좋겠다' 정도의 이야기만 해주면 좋겠다.

글쓰기는 정렬하는 능력이 필요해 논리적인 사고력 향상에 도움이 되므로 2학년이 되어도 글씨를 엉망으로 쓴다면, 글씨 바르게 쓰기 체크판을 만들어 한 달 통계를 낸 다음, 잘 썼을 때는 아이가 좋아하는 장난감을 포상으로 사주는 것도 방법이다.

엄마의 화난 목소리, 한숨 소리, 걱정 어린 눈빛 등은 아이에게 스트레스 요인으로 작용하여 더 실수를 유발시켜 자신감을 떨어뜨릴 수 있다. 아이가 많이 틀려도 기다려주는 자세가 필요하다. 그러기 힘들다면 공부방에 보내 아이의 공부를 전문가에게 맡기고 놀이는 엄마가 맡으면 된다. 특히 엄마의 조바심이 아이를 더 위축시킬 수 있기 때문에 조금 더 여유를 가지면 좋겠다.

핵심 조언!

하나! 아~! 체험과 경험을 통해 재미있게 수학 원리를 깨우쳐 보자.

둘! 어머니의 마음! 걱정보다 기쁨을 더 많이 표현하고 공부 의욕을 키워주자.

셋! 계단! 단계를 잘 밟아나갈 수 있도록 첫 수학 계단을 즐겁게 올라보자.

넷! 즐겁게 놀자! 즐겁게 공부할 수 있도록 공부 전에 몸으로 놀아주자.

3 일상에서 수학 연산을 자주 접해보자

초등
1학년

고사리같이 작은 손으로 어려운 조립도 척척 해내는 찬희! 거실을 가득 매운 책들이 찬희의 독서 사랑을 예상케 한다. 일주일에 두 번 엄마와 갖는 긴 독서시간은 찬희가 가장 좋아하는 독서활동 시간인데, 비행기를 주제로 재미있게 책을 읽던 찬희가 수학 동화를 만나자 급 어두운 기색을 보인다. 찬희가 수학 동화를 꺼리는 이유는 무엇일까? 손가락을 사용하지 않고 연산할 수 있는 방법은 무엇이 있을까?

Q01 아이에 대한 엄마의 교육 방법이 독서교육법을 포함해 아주 좋아 보이는데?

학습하기 좋은 환경을 조성해주려고 엄마가 정말 신경을 많이 쓰는 것 같은데, 바람직한 홈스쿨링의 표본이다. 그런데 수학 동화를 읽을 때 아이보다 엄마가 너무 주도적으로 나서서 읽는 느낌이 들어 아쉽다. 예를 들어 수학적인 요소가 나오면 무조건 확인하려는 면이 보인다. 이런 행동은 아이에게 부담으로 다가올 수 있다. 지금은 수학에 있어서만큼은 그냥 편하게 읽고 자유롭게 생각을 이야기해보는 것이 좋겠다. 아이의 수준을 파악한 후 조금 높은 단계의 도서를 제공하는 게 좋다. 매일 연산 30분, 교과 수학 30분씩 시간을 분배해 꾸준히 공부하는 습관을 들이자. 이렇게 공부하다 보면 수학과 연산에 자신감이 생긴다. 문제의 양과 시간을 정해 놓고 스톱워치를 이용하여 시간을 재면서 문제를 풀게 하자. 문제를 풀 때는 10문제 단위로 함께 풀고 엄마와 함께 채점하는 게 좋다.

Q02 찬희가 수학에 흥미를 갖고 매일 접할 수 있는 방법이 있다면?

찬희는 인터넷 학습은 효과가 없는 듯하다. 수학과 친해지려면 말하고 써보면서 표현하는 활동이 좋다. 쉬운 단계부터 만들다 보면 어려운 문제도 가능해진다. 집안 곳곳에 교구가 많은데, 교구 관련 인터넷 사이트에 접속해 놀이법이나 교수법을 보고 연구하여 아이에게 활용하는 방법을 찾으면 좋겠다. 일주일에 한 번 정도 교구 전문 선생님이 직접 가르치는 방법도 좋다. 수학 교구라고 해서 반드시 교육적으로만 활용해야 한다는 생각은 버려야 한다. 도미노 조각으로 기찻길 만들기, 쌓기 등 다양하게 활용할 수 있다. 수학 교구는 여러모로 활용 가능한 무난한 교구를 선택하는 것이 좋다. 정사각형이나 정삼각형 같이 일반적인 모양이 좋다.

다른 과목보다 수학 공부 비중이 작으니 수학 시간을 더 늘리면 좋겠다. 공부 후 점검하는 시간과 방법이 부족하다. 학습계획표의 필수 요소는 공부 후 점검인데, 이게 빠지면 형식적인 계획표가 될 수도 있다. 공부 시간을 효과적으로 조절할 필요가 있다. 책을 함께 읽으면서 엄마가 아이에게 질문하는 방법도 좋다.

Q03 셈이 느린 찬희를 걱정하는데 수학 검사 결과를 본다면?

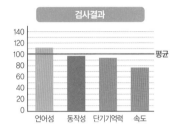

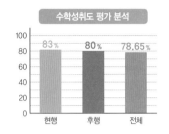

공부 진단검사 결과 (※민성원연구소 협조)

- -

인지능력 91/140(평균)

언어성 104/140(평균) | 동작성 98/140(평균)

작업기억 92/140(평균) | 처리속도 76/140(경계)

※ 강점 – 토막짜기, 공통성

※ 약점 – 기호쓰기, 숫자

수학성취도평가 1-1 후행 80% | 1-2 현행 83%

　　찬희는 처리 속도가 상대적으로 아주 느린 편이다. 또한 후행과 현행
모두 이해력과 추론력 문제 해결력과 비교하면 계산력이 떨어짐을 볼
수 있다. 처리 속도가 느린데 연산 학습을 시키지 않으니 다른 아이들보
다 더디고 느린 것은 당연하다. 연산은 달리기와 같아 처음에는 숨이 차
더라도 꾸준히 반복하여 공부해야 속도가 붙는다. 10 만들기를 손가락
안 쓰고 계산하는 연습을 한다면 실력이 향상될 것이다.

Q04 수학 평가지를 보면서 찬희의 연산에 대한 자세한 상황을 짚어 본다면?

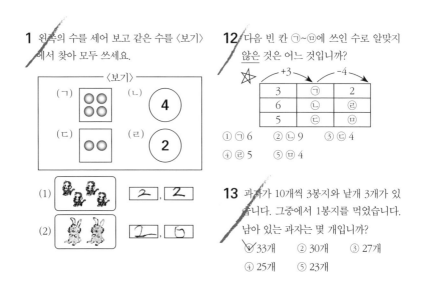

1 왼쪽의 수를 세어 보고 같은 수를 〈보기〉에서 찾아 모두 쓰세요.

〈보기〉

(ㄱ)　(ㄴ) 4

(ㄷ)　(ㄹ) 2

(1) 　2 , 2

(2) 　1 , ㅂ

12 다음 빈 칸 ㉠~㉭에 쓰인 수로 알맞지 않은 것은 어느 것입니까?

+3		−4
3	㉠	2
6	㉡	㉣
5	㉢	㉤

① ㉠ 6　② ㉡ 9　③ ㉢ 4
④ ㉣ 5　⑤ ㉤ 4

13 과자가 10개씩 3봉지와 낱개 3개가 있습니다. 그중에서 1봉지를 먹었습니다. 남아 있는 과자는 몇 개입니까?

① 33개　② 30개　③ 27개
④ 25개　⑤ 23개

　연산 문제에서 약간 이해를 못한 것 같다. 문제 의도를 파악하지 못한 게 몇 개 있고, 연산과 관련된 기호와 문장제 문제를 어려워하고 있다. 연산과 관련된 문제에 익숙하지 않을 뿐만 아니라 실수도 잦은 편이다. 현행에서 성냥개비로 모양을 만들고 도형 찾는 문제는 맞았지만, 다른 비슷한 문제는 틀린 것으로 보아 아는 것도 실수가 잦은 편이다. 시계 보기를 전혀 못 하고 있다. 시계가 달린 예비 초등학생, 초등 저학년을 위한 플랩북도 활용하기 좋고, 계획표를 짤 때 바늘 시계 그림으로 시간을 표시하고 활동을 적어 크게 만든 후 방문이나 벽면에 붙여두고 수시로 보는 활동도 시계 읽기를 익히는 데 도움이 된다.

핵심 조언!

하나! 방방곡곡! 이곳저곳에 숫자와 시계를 붙여 놓고 자주 보자.

둘! 학습 목표! 학습 단원에 나와 있는 학습 목표를 참고해 지도하자.

셋! 암산! 작은 자리부터 암산 연습을 통해 계산 실력을 올려 보자.

넷! 손모아장갑! 손가락 셈하는 것을 감출 수 있으니 자신 있게 하자.

4 충분한 사랑과 관심으로 수학 실력을 쌓게 돕자

초등
1학년

하나, 둘, 셋, 넷! 4남매 집의 첫째인 윤지! 영어도 잘하는 해맑은 미소의 소유자! 이런 윤지네는 하루하루가 시끌벅적 왁자지껄한데… 많은 아이들 가운데 첫째가 잘되어야 동생들도 따라 한다는 생각에 윤지의 수학이 특히 더 걱정된다? 다둥이네 첫째를 위한 전문가들의 특급 솔루션!

Q01 윤지가 공부를 잘해서 동생들에게 좋은 본보기가 되어 주길 바라는데?

지금 엄마가 윤지의 학습 수준과 맞지 않는 문제를 내고 있다. 초등 1학년에게는 5 이하의 질문을 해주어야 한다. 1학년 1학기 때는 10이 넘어가는 덧셈을 다루지 않는다.

엄마가 아이에게 너무 부담을 준다. 그러다 보니 '수학은 너무너무 어렵다'고 말하듯이 이미 아이에게는 학습 부담감이 생겼다. 4남매 중에서 첫째이지만 아직 초등학교 1학년인데 학습 부담감이 큰 것 같다. 또 엄마가 '내가 수학을 못했으니 윤지를 통해서 수학의 한을 풀고 싶다'고 했는데, 이건 정말 위험한 생각이다. 자녀를 통해 자신의 부족한 부분을 채우려는 생각은 부모와 자식 모두를 불행하게 만들 수 있어 이런 생각은 빨리 바꿔야 한다. 엄마의 교육 욕심에 비해 교육 환경이 제대로 갖춰져 있지 않다. 지금은 아이에 맞는 학습을 제공하는 것이 필요하다.

Q02 윤지는 수학 공부에 부담을 느끼는데 윤지의 상태를 본다면?

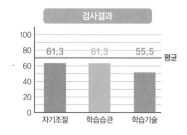
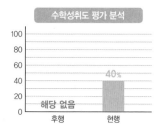

공부 진단검사 결과 (※창의적열정연구소 협조)

수학 학습습관 검사

자기조절 61.3% ┃ 학습습관 61.3% ┃ 학습기술 55.5%

※ 강점 – 신체운동지능, 음악지능, 논리수학지능

수학성취도 평가 후행 해당 없음 ┃ 현행 40%

검사 결과를 보면 초등 저학년답지 않게 자기조절, 학습습관, 학습기술이 모두 낮다. 게다가 형제자매가 많은 집안의 첫째로서는 보기 드물게 자율성도 낮다. 정서나 자율성이나 학습 동기가 모두 낮은 것을 보면, 환경 또는 학습부담 등으로 스트레스가 있는 듯하고 우울성도 보인다. 수학은 머리를 쓰는 공부인데 우울함이 깔려 있으면 실력이 늘지 않는다. 수학 실력을 제대로 높이려면 일상에서 건강한 감정을 갖게 해줘야 한다. 이런 부분이 그대로 집중력에 영향을 미치다 보니 집중력 또한 상당히 낮다. 보통 초등 1학년은 학교 수업 집중력이 상당히 높은데 윤지는 학교에서 수업에 집중하기 힘들 것 같다. 담임 선생님이 윤지를 신경 써서 관찰할 필요가 있다. 만약에 선생님이 그걸 인지하지 못한다면 엄마가 담임 선생님과 꼼꼼하게 상담을 해야 한다. 지금은 수업에 집중하는 게 첫 번째다. 다만 윤지는 수학적 재능이 있고 공간지각능력도 매우 좋다. 이 두 가지가 높다는 건 아이에게 수학적 능력이 있다는 뜻이다. 엄마가 윤지의 감정 상태를 안정시켜주면 수학 공부도 잘할 수 있다.

Q03 아직 수학을 잘 모르는 윤지의 현재 실력을 점검해본다면?

성적이 잘 나오지 않았다. 수학 자체도 안 좋아하고, 윤지가 동생들이나 환경적인 스트레스에 수학을 제대로 습득하지 못하고 있다. 그래서 사실 한국어가 모국어인 아이들도 초등 1학년 때 수학 용어는 어려워한다. 영어와 수학을 함께 접하는 환경은 좋은데, 수학 공부를 위한 수학 용어를 익혀야 한다. 이때 수학 동화를 활용하면 좋다.

평가지를 보면 문제 해석이 안 된 것 같다. 우선 부족한 어휘력을 늘리는 게 시급하다. 학교에서 다문화가정을 보면 어휘력 때문에 의사소통에 문제가 많다. 윤지의 한국어 실력을 다시 봐야 하겠다. 엄마가 집 안에서 말할 때는 정확한 문장으로 대화하려고 노력해야 한다.

외국인 아빠가 윤지에게 영어로 수학을 알려준다. 아이가 한국어를 잘한다면 좋은 계기일 수 있지만, 수학 용어에 혼란을 줄지 모르니 우리말을 먼저 다질 필요가 있다. 그래도 엄마는 윤지의 한국어가 그렇게 서툴다고 생각하지는 않는다.

Q04 아이의 공부에는 관심이 많지만 공부 환경이 제대로 제공되지 않는데?

엄마가 공부 관심은 있지만 디테일한 부분을 놓쳐서 안타깝다. 원래 초등 1학년은 받아올림과 받아내림을 배우지 않는다. 그래서 '8살과 6살을 더하면 몇 살이 될까?' 같은 문제는 아직 아이가 모르기 때문에 피해야 한다. 이로 인해 아이가 혼란이 와서 위축될 수 있다. 엄마는 윤지의 학습수준을 정확히 파악한 후 일상 속 대화로 개념을 익히게 지도해야 한다. 엄마와의 대화에서 5 이하의 숫자를 더하는 것은 주위의 물건으로도 가능하다. 생활 속에서 아이가 위축되지 않게 해야 한다. 아빠가 수학 개념을 가르쳐줄 때 수학 공부와 영어 공부가 섞이고, 오히려 영어가 비중이 더 높은데 우리말로 정확히 수학을 지도할 방법도 찾아야 한다.

Q05 윤지의 수학 공부를 위해 추천할 만한 학습법이 있다면?

집에서는 수학 동화책을 읽으며 자연스럽게 수를 접해서 좋다. 어린이용 교육예능 프로그램을 보면 자연스럽게 예능으로 어휘력도 높이고 재미있게 한국말을 배울 수 있겠다. 그리고 교과서 위주의 반복 학습이 필요하다. 아빠도 잘 가르쳐주지만, 선생님을 통해 한국말로 체계적인 학습을 하는 게 수학 개념을 다지는 데 좋다.

도형 문제를 잘 풀려면 일상에서 쉽게 접하는 구체물을 통해 만들고 굴려보면서 자연스럽게 개념과 용어를 익혀보자. 윤지가 위축되지 않도록 생활 속에서 즐겁게 수학을 공부해야 한다. 어휘력을 늘리려면 밖에서 선생님과 친구들을 만나서 대화하자. 소규모 공부방을 활용해도 좋다. 복지관 또는 주민센터에서 지역사회 멘토링도 활용하자. 다둥이나 다문화 가정에 혜택을 주는 방과 후 학교 프로그램을 운영하는 곳도 있으니, 담임 선생님과 상담하여 참여하도록 한다. 이렇게 아이가 수학공부를 하면서 한국어 실력도 쌓도록 도와주자.

Q06 맏이인 윤지가 부담감이 있는 듯한데 분위기를 바꾸려면?

실제 학습보다 중요한 건 정서다. 윤지의 정서와 감정이 동생들에게 그대로 영향을 미칠 수 있다. 이런 점을 고려하여 엄마가 칭찬을 통해 즐거운 감정을 갖게 해주면 좋겠다.

아빠가 참 잘하고 있다. 평소에 영어로 많이 대화하고 아이와 함께 도서관에 가서 독서하는 시간을 가지면 좋겠다. 한국말로 수학을 공부하는 시간을 따로 만드는 것도 필요하다. 8살이면 애정이 더 필요하다. 아이의 무거운 마음을 덜어주면 수학 실력은 오를 것이다.

핵심 조언!

하나! 교과서! 우리나라 수학교과서로 복습하면서 용어를 제대로 익혀 쉽게 공부하자.

둘! 당신은 사랑받기 위해 태어난 사람! 아이를 충분히 사랑해주고, 사랑으로 수학도 다지자.

셋! 자주 칭찬해주세요! 칭찬과 긍정적인 피드백으로 수학 실력이 더 좋아진다.

5 수학의 중요성을 이해하자

초등
2학년

강아지를 좋아하는 민주! 강아지를 좋아하는 만큼 장래희망도 강아지에 관련된 직업! 그런데 강아지와 수학이 관계없다는 생각에 수학은 공부하기 싫다고 하는데…. 과연 아이의 장래희망과 수학을 연결해 아이의 수학에 대한 흥미도를 올리고 수학공부에 대한 동기를 심어주는 방법은?

Q01 강아지 관련 일에 수학이 무슨 관련이 있는지 궁금해 하는 아이에게 어떻게 설명할까?

'동물 관련 일을 할 건데 수학을 왜 공부해요?'라고 묻는다는 건 수학 공부에 대한 동기가 부족하고, 수학에 흥미를 느끼지 못하고 있다는 의미이다. 강아지를 키우고 싶다고 말하면, 강아지 키우는 것부터 수학과 관련되어 있다는 사실을 알려주는 게 좋다. 강아지집 공간, 사료의 양을 비율적으로 계산할 때, 강아지별 가격은 어떻게 되고, 몇 마리를 키우고, 키우는 데 드는 비용 등에도 덧셈과 뺄셈과 같은 연산은 물론 수학이 꼭 필요하다.

단순히 강아지를 키우는 데도 이렇게 수학이 많이 쓰이는데, 강아지 전문가가 되려면 얼마나 수학이 중요한지 알려주어야 한다. 강아지와 관련된 일에도 여러 가지가 있는데, 수의사의 경우 수의학과나 생물학과에 진학해야 하고, 동물조련사 또한 애완동물과에 진학할 수 있는데, 관련 학과 모두 수학이 아주 중요하게 이용된다. 이런 부분을 아이가 잘 알아듣도록 설명해주면 좋다. 그다음에 동물 관련 다큐멘터리나 수의사 등을 다룬 교육직업 영상을 보여주면서 함께 대화하면 학습 동기가 생긴다.

Q02 단순 연산은 잘하는데, 덧셈과 뺄셈이 섞인 연산문제를 어려워하는 건 어떻게 할까?

두 자릿수 덧셈·뺄셈 혼합연산에 거부감과 어려움을 느끼는데, 맞힌 것도 많다. 이는 곧 개념은 알지만, 연습이 부족하다는 뜻이다. 꾸준히 연습하면 충분히 할 수 있다. 단지 체계적으로 연습해야 하는데 이제부터는 헷갈리지 않게 연습장에 풀이과정을 또박또박 쓰면서 풀어야 한다. 엄마가 '다른 종이에 풀어도 돼'라고 말했는데, 연습장 한 페이지를 삼등분하여 세 문제씩 정확히 계산과정을 쓰면서 풀게 한다면 금방 고쳐진다. 그리고 클레이점토를 사용하여 직접 숫자와 덧셈 뺄셈을 만들어 갖고 노는 활동, 덧셈 뺄셈 관련 보드게임으로 혼합연산에 거부감 대신 흥미를 갖도록 하자.

Q03 민주가 즐겁게 할 만한 학습법을 어떻게 찾아줄 수 있을지 검사 결과를 본다면?

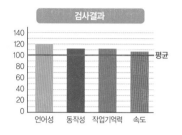

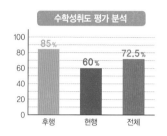

공부 진단검사 결과 (※민성원연구소 협조)

인지능력 122/140(우수)

언어성 120/140 (우수) | 동작성 116/140(평균 상)

작업기억 114/140 (평균 상) | 처리속도 109/140(평균)

※ 강점 – 공통성

※ 약점 – 기호쓰기

수학성취도 평가 2–1 후행 85% | 2–2 현행 60% | 전체 72.5%

기호 쓰기가 약하게 나왔지만, 시각적 집중력과 기억력에는 문제가 없다. 엄마가 없는 시간에 해야 할 것을 체계적으로 마련하고, 수학도 매일 40분 이상 공부하면 좋다. 2학년 1학기 후행을 보면 추론력이 뛰어나고, 2학년 2학기 현행을 보면 문제해결 능력이 약간 부족하다.

장래희망이 분명하고 엄마와의 관계가 원만해 보인다. 그런데 아이에게 좋아하는 것뿐만 아니라 좋아하지 않는 것도 해야 한다고 알려줘야 한다. 수학을 못 하면 수의사가 될 자격조차 안 생긴다는 것도 알려주자. 아이들의 꿈은 자주 변하므로 어느 순간 민주의 꿈이 바뀔 수 있다는 점을 염두에 두고, 다른 직업도 이야기해주면서, 모든 다양한 직업에 수학이 필요하다는 것을 알려주자.

Q04 후행은 잘 다져졌고, 현행에서 많은 문제를 놓친 것 같은데?

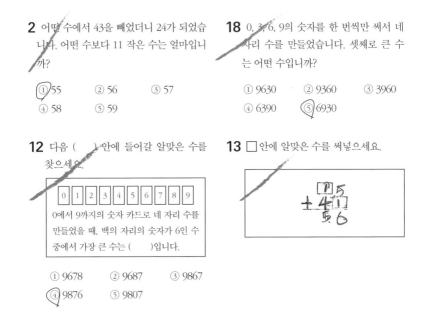

2 어떤 수에서 43을 빼었더니 24가 되었습니다. 어떤 수보다 11 작은 수는 얼마입니까?

① 55 ② 56 ③ 57
④ 58 ⑤ 59

18 0, 3, 6, 9의 숫자를 한 번씩만 써서 네 자리 수를 만들었습니다. 셋째로 큰 수는 어떤 수입니까?

① 9630 ② 9360 ③ 3960
④ 6390 ⑤ 6930

12 다음 (   )안에 들어갈 알맞은 수를 찾으세요.

| 0 | 1 | 2 | 3 | 4 | 5 | 6 | 7 | 8 | 9 |

0에서 9까지의 숫자 카드로 네 자리 수를 만들었을 때, 백의 자리의 숫자가 6인 수 중에서 가장 큰 수는 (   )입니다.

① 9678 ② 9687 ③ 9867
④ 9876 ⑤ 9807

13 □ 안에 알맞은 수를 써넣으세요.

2학년 1학기 기본은 잘 알고 있는데, 덧셈 뺄셈을 활용해 미지의 어떤 수를 구하는 문제가 틀렸다. 이것 또한 다행히 개념을 아는데, 틀린 이유는 다양한 유형의 문제를 접해보지 않아서다. '어떤 수'나 '네모' 등 다른 개념이 도입되면 적용하기 힘들어하는 것 같다.

2학년 2학기 20문제 중 9문제를 틀렸는데, 자릿수 문제에서 쉬운 문제는 틀리고 더 어려운 문제를 맞혔다. 이것 또한 개념이나 실력이 부족하다기보다는 새로운 유형의 문제라서 생소하게 느꼈을 거다. 기초 개념 학습보다 문제 풀이를 많이 하는 게 좋겠다.

Q05 민주 혼자서 스스로 공부에 흥미를 느낄 학습법이 있다면?

요즘 문제집은 난이도별, 스토리텔링형, 유형별 등 종류가 다양하다. 개념 설명은 짧고 유형별로 문제가 다양하게 들어간 얇은 문제집을 선택해 매일 1~2장을 제시하고 저녁에 채점해주자. 하루 10문제씩, 20분 분량으로 일주일치를 만들어 흥미를 잃지 않으면서 공부하게 하고, 일정 시간을 공부하면 강아지 카페 등에 함께 가는 보상도 필요하다. 동물 관련 직업을 세분화해 소개해주고 수학과 연결시켜 이야기해주는 것도 좋다.

초등학교 2학년은 더 세밀한 공부 계획표를 짜서 그걸 지키는 게 자기주도학습의 첫걸음이다. 시간대별로 해야 할 일을 아주 구체적으로 기록하자. 지금은 노트에 풀이법을 따로 옮겨 적을 때 어떻게 적으라는 것까지 다 가르쳐주면서 습관을 잡을 시기다. 엄마가 하기 힘들면 학원에 보내거나 지도 선생님과 학습하게 하여 습관을 잡는 게 가장 현실적이다.

지필학습 50, 놀이학습 50의 비율로 나누어 시행하면 수학 흥미를 찾을 수 있다. 놀이학습은 학습이라기보다 단순한 놀이로 생각하도록 만드는 게 중요하다. 연산은 강아지 그림과 캐릭터가 그려진 연산 보드게임, 강아지를 조립하는 블록 등을 활용하여 익숙해지게 만들자.

6 단위길이, 직접 감각을 익히자

초등
2학년

"노는 게 제일 좋아요~." 언제나 노느라 바빠 공부는 뒷전! 부모님의 잔소리에도 꿈쩍 않는 놀기 대장 윤후! 게다가 공부만 하면 집중을 못하고 공부 도중에도 장난감을 갖고 놀기까지! 노는 것만 좋아하고 공부를 싫어하는 초등 저학년을 위한 수학 학습법은?

Q01 사회생활에는 수학이 꼭 필요하지만 놀고 싶다고 놀게만 해줘
도 되는지, 어떻게 해야 할까?

귀엽고 순수한 2학년이지만, 수학공부를 자꾸 미루는 게 아쉽다. 그
래도 학교 평가를 보면 실력이 없는 건 아니다. 실력은 있지만 공부를
미룬다는 것은 학습이 재미가 없다는 뜻이다. 보통 초등 1~3학년 저학
년의 경우에는 학교에서도 놀이수학으로 학습을 하는데, 지금 집에서
는 책상에 앉아 문제집만 풀고 있다. 이게 윤후의 수학 흥미를 떨어뜨린
것이 아닐까 생각한다. 또 윤후도 '선생님이 시킨 것은 하는데, 부모님이
시킨 건 미루게 돼요'라고 말했다. 부모가 굉장히 온화하고 윤후에게 많
은 걸 허용해준다. 이제부터는 거실의 TV를 치우고 책을 함께 보면서
아이의 시간을 적극적으로 관리해줘야 할 때다. 허용적인 부모로 인해
인내심이 약하고 미루는 습관까지 있다. 재미있는 수학학습 거리를 제
공하여 인내심과 실력을 길러주면 좋겠다.

윤후는 이제 겨우 9살이다. 이 또래 아이들은 할 일보다는 노는 게
우선이긴 하지만 윤후의 경우 노는 게 약간 과하기 때문에 지금 학습습
관을 개선해줄 필요가 있다. 미루는 게 습관이 되면 고치기 힘들다. 풀
어놓은 문제를 살펴보니 헷갈리는 게 조금 있는데, 곱셈의 의미를 묻는
문제만 보완하면 좋겠다. 다만 문제 푸는 것 자체를 싫어하고, 공부를
시작할 때 집중하기까지 시간이 걸리는 것을 조정해주어야 한다. 너무
다그치기보다는 부드럽게 이끌어주는 학습이 필요하다.

Q02 윤후의 실력이 괜찮다고 했는데, 실제 평가를 진행한 결과를 확인한다면?

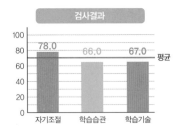
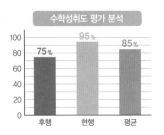

공부 진단검사 결과 (※ 창의적열정연구소 협조)

- -

수학 학습습관 검사

자기조절 78.0% | 학습습관 66.0% | 학습기술 67.0%

※ 강점 – 신체운동지능, 자연친화지능, 자기이해지능

수학성취도 평가 후행 75% | 현행 95% | 평균 85%

현재 학습 수준은 상당히 높지만, 단위길이가 중점적으로 나온 후행이 다소 낮게 나왔다. 이 부분은 단위길이 단원만 해결하면 기본실력은 탄탄하다. 현재는 너무 수학 부담감을 주지 말고, 재미있게 학습하도록 유도하는 게 좋다. 당분간 부모님이 함께하며 공부 습관을 잡아준다면 학습 시간이 짧아지면서 수학에 대한 부정적 마음도 줄어들 것이다. 수학에 대해 긍정적인 마음을 갖는 게 중요하다.

정서적으로도 안정되어 있고 학습에 대해 부정적인 것도 아니며, 잘
하고 싶은 마음이 있다. 문제는 학습습관인데, 자기조절영역보다 낮게
나왔다. 이 부분은 아마도 저학년이라서 본인 관리가 안 된다고 볼 수
있다. 학습습관은 시간 관리를 통해 바로잡아줄 수 있다. 예를 들어 하
교 후 간식 → 저녁식사 → 취침 전, 이렇게 크게 시간을 덩어리로 나누
어 시간마다 꼭 해야 할 일을 준다면 그 일은 분명히 해낼 것이다. 윤후
는 논리수학지능이 높으니 수학을 싫어하거나 못하는 친구가 아니다. 다
만 언어지능이 조금 낮게 나왔으므로 부모의 도움이 필요하다. 대화와
독서 등으로 어휘력을 끌어올리면 수학 문제 풀이에도 좋은 영향을 줄
것이다.

Q03 단위길이와 관련된 내용에서는 어떤 게 실수가 잦았는지 확인
해본다면?

사실 문제의 뜻을 정확하게 파악하지 못했다. 틀린 게 여러 개인데,
일관되게 반대로 썼다. 단위길이의 경우 어렵지 않으므로 직접 재어보
는 게 좋다. 주변 물건들의 길이를 직접 재어보며 감각을 익히면 좋다.
'단위길이가 긴 것으로 재면 숫자가 작게 나오고, 단위길이가 짧은 것으
로 재면 숫자가 크게 나온다'라는 개념은 어렵지 않다.

Q04 보통 공부 시작하기까지 오래 걸리는 학생들에게 맞는 수학 학
습법이 있다면?

대부분의 초등 저학년 학생들은 스스로 공부하고 오래 집중하는 게
힘들다. 그래서 학교에서도 초등 저학년은 학습을 유도할 때 오랜 시간

이 걸린다. 윤후네는 엄마와 아빠가 '들어가서 공부해'라고 말하면, 방으로 들어가서 책상 앞에 앉기는 하지만, 곧바로 집중해서 공부하기는 어렵다. 아이에게 공부를 시키는 경우에는 우선 공부를 시작할 때부터 마칠 때까지 부모님이 함께하며 지켜보는 것이 필요하고, 이게 습관이 되면 스스로 잘할 수 있다.

특히 저학년생에게 적합한 방법은 보드게임과 같은 놀이수학이다. 이런 보드게임을 함께 하면서 숫자와 친해지고 계산능력도 향상된다. 또 승부욕이 강한 아이들은 울기도 한다. 그다음, 노래로 곱셈구구 외우기 등 재미있는 장치를 학습에 적용시키면 좋다. 공부는 아니지만 공부가 되는 자연스러운 방법을 택하자. 교과서에는 놀이형식으로 나온 개념이 많다. 부모가 직접 교과서를 정독하여 가르칠 때 참고하면 좋다. 놀이수학뿐만 아니라 문제 풀이도 필요하다. 윤후의 컨디션에 맞게 학습량도 조절해줘야 한다. 그 대신에 매일 조금씩 풀어야 한다. 2학년이면 함께 계획표를 짜며 책임감을 느끼게 하는 것도 좋다.

선생님 말씀만 잘 듣는다고 학원에 보내는 것보다는 집에서 학습습관을 잡으면 좋겠다. 구체적 방법으로 첫째는 계획 함께 세우고 실천하기, 둘째는 단호하게 학습관리 하기, 셋째는 흥미로운 수학학습 제공하기이다. 이것만 완벽하다면 충분히 가능하다. 굳이 학원을 보내겠다면 놀이수학학원을 추천하고, 습관이나 문제 풀이를 위해 학원에 보내는 건 추천하지 않는다.

Q05 미루는 습관이 몸에 밴 윤후를 위한 부모의 역할은?

아이의 미루는 습관을 고치려면 부모의 단호한 모습이 필요하지만,

너무 엄하게 해서는 안 된다. 지금처럼 사랑으로 온화하게 대하는 건 좋지만, 생활적인 측면이나 학습습관을 잡을 때는 첫 번째로 규칙을 엄격하게 적용하고, 두 번째로 주변 환경을 학습에 적용하여 동기부여를 해야 한다. 그래서 노는 시간과 학습 시간을 분리하되 잘 놀아야 한다. 세 번째로 블록, 보드게임 등을 함께 하며 수학적 사고력을 키워주면 좋다. 이러다 아이가 재미를 느끼게 되면 공부를 더 하고 싶다고 말할 수도 있다.

핵심 조언!

하나! 손에 손잡고~! 아이가 공부할 때 손을 잡고 함께 시작한다면 학습습관을 잡을 수 있다.

둘! 수학은 놀이다! 좋아하는 놀이를 통해 흥미도 실력도 놓치지 말자.

셋! 온 세상이 수학 교실! 주변에 있는 수학적 요소들을 잘 찾아서 적용해보자.

넷! 한 사람이 크려면 많은 관심이 필요하다! 부모가 많은 관심으로 아이를 챙겨주자.

곱셈 구구, 재미있게 접하자

그림 그리기는 좋아하는데, 곱셈 구구는 어렵다? 수학을 어려워
하는 은수! 이제는 끝났어야 할 구구단을 아직 다 못 외웠다는
데… 문제는 그뿐만이 아니다. 수학에 집중하지 못하고 흥미까
지 없는 은수! 기초부터 구구단까지! 수학 장벽을 만난 아이를
위한 특급 학습법!

**Q01 3학년이 되는 은수가 구구단을 다 못 외우고 7단에서 막혔는데
어떻게 해야 할까?**

곱셈 구구는 초등 2학년 때 반드시 개념과 순서를 명확히 익혀야 한
다. 그래야 다음 학년에서의 나눗셈이나 혼합계산 등의 연산까지 무리
없이 할 수 있다. 그런데 대부분 아이들이 2, 3, 4, 5, 9단과 달리 7단
을 가장 어려워한다. 중요한 건 은수가 곱셈 구구를 외울 수 있는 환경
이 전혀 아닌 듯하다. 엄마가 무턱대고 '외워! 풀어!' 이렇게 다그치기보
다는 아이가 좋아하는 활동으로 자연스럽게 개념을 익히게 하면 7단은
물론 8단까지 저절로 외우게 된다.

그림 그리는 것을 좋아하니까 글이나 수식보다 실물그림으로 이해하
도록 도와주자. 교과서에 나온 바둑알, 꿀벌, 작은 빵 같은 다양한 그림
을 따라 그리고, 그것을 몇 개씩 몇 묶음으로 나누는 활동으로 곱셈의

개념을 이해시키면 몇 시간 동안 문제를 푸는 것보다 효과적이다. 고무 찰흙으로 숫자를 예쁘게 만들고, 구구단 판을 만들어 계속 읽으며 외우는 것도 추천한다.

　은수는 수학 문제를 풀 때 집중력이 상당히 약하다. 차라리 곱셈 구구의 개념을 쉽게 익히는 동영상을 틀어놓고 본 다음에 관련 문제집과 그림으로 쉽게 구성된 문제집으로 흥미를 갖게 만든 후 활동을 해보기를 권한다. 사실 곱셈 구구의 개념은 2학년 1학기 때 다 익혀야 하는데, 1학년 때부터 결손이 있는 것 같다.

Q02 은수의 정확한 실력과 현재 상황을 알기 위해서 검사 결과를 분석해본다면?

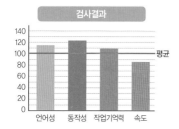
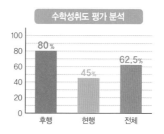

공부 진단검사 결과 (※민성원연구소 협조)

인지능력 113/140(평균 상)
언어성 114/140(평균 상) | 동작성 123/140(우수)
작업기억 109/140(평균) | 처리속도 85/140(평균 하)

수학성취도 평가 1–2 후행 80% | 2–1 현행 45% | 전체 62.5%

문제해결 능력이 취약하고 후행, 현행 복습이 꼭 필요하다. 현재 초등 2학년 2학기이고, 방학이 지나면 3학년인데 아직 곱셈 구구를 완벽히 못 외운다면, 학습 수준은 중 또는 중하가 된다. 수학의 흥미를 잡을 시기인데 지금 학습 환경이 전혀 마련되어 있지 않다. 아이가 재미있게 공부할 수 있도록 함께 환경을 만들어나가는 게 필요하다.

Q03 1학년 2학기 80점, 2학년 1학기 45점이 나온 상황인데, 진단을 해본다면?

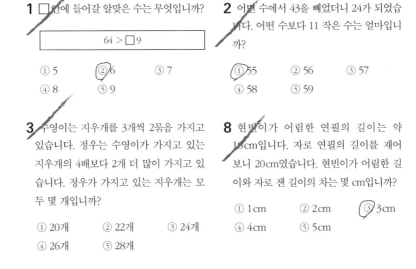

1 □안에 들어갈 알맞은 수는 무엇입니까?

$$64 > □9$$

① 5　　②6　　③ 7
④ 8　　⑤ 9

2 어떤 수에서 43을 뺐더니 24가 되었습니다. 어떤 수보다 11 작은 수는 얼마입니까?

① 55　　② 56　　③ 57
④ 58　　⑤ 59

3 수영이는 지우개를 3개씩 2묶음 가지고 있습니다. 정우는 수영이가 가지고 있는 지우개의 4배보다 2개 더 많이 가지고 있습니다. 정우가 가지고 있는 지우개는 모두 몇 개입니까?

① 20개　　② 22개　　③ 24개
④ 26개　　⑤ 28개

8 현빈이가 어림한 연필의 길이는 약 18cm입니다. 자로 연필의 길이를 재어 보니 20cm였습니다. 현빈이가 어림한 길이와 자로 잰 길이의 차는 몇 cm입니까?

① 1cm　　② 2cm　　③3cm
④ 4cm　　⑤ 5cm

11 애희는 10원짜리 동전을 50개 가지고 있습니다. 애희가 가진 10원짜리 동전을 모두 100원짜리 동전으로 바꾼다면 몇 개로 바꿀 수 있습니까?

1번 : ☐☐ 개

21 어머니에게서 10개씩 묶어진 요구르트 3줄과 낱개 6개를 사 오셨습니다. 요구르트는 모두 몇 개입니까?

① 35개　　② 36개　　③ 37개
④ 38개　　⑤ 39개

진단 결과를 토대로 1학년 2학기 후행에서 22문항 중 5문항을 틀렸는데 이것은 비교적 많이 틀린 편이다. 따라서 1학년 2학기부터 후행이 필요하다. 다행히 은수는 조작하고 실물이 있는 것, 도형도 잘하고, 시계보기 같은 문제는 다 맞혔다. 그리고 실제 그림을 그려주고 세는 문제도 잘했다. 그래서 1학년은 수의 크기 비교와 자릿수부터 후행을 공부하면 된다. 수의 크기 비교하는 문제, 두 자릿수로 표시하는 문제, 십의 자리와 일의 자릿수의 개념과 두 자릿수의 크기 비교 개념을 다시 한 번 명확하게 정리해놓는 것이 필요하다.

　2학년 1학기 현행에서는 20문제 중 11문제를 틀렸다. 서술형으로 연산 문제를 제시한 것은 거의 다 틀렸는데, 자릿수의 개념 공부가 필요하다. 미지수 네모가 들어간 유형의 문제를 많이 어려워한다. 미지수 네모는 방정식의 기초로 2학년 어린이에게는 어려울 수 있지만, 두 자릿수와 한 자릿수의 덧셈과 뺄셈 개념을 명확히 안다면 그리 어렵지 않은 수준의 문제기도 하다. 현재 은수가 두 자릿수와 한 자릿수의 덧셈과 뺄셈을 완벽하게 알지 못한다는 의미로, 덧셈과 뺄셈이 확실하지 않으면 곱셈도 어렵다. 1학년 2학기, 2학년 1학기, 2학년 2학기까지 기본부터 차근차근 다져야 하고, 곱셈과 함께 덧셈·뺄셈까지도 후행이 필요하다.

Q04 덧셈·뺄셈과 수 개념부터 다져야 하는데 은수가 잘할 수학 학습법은?

현재 집중력이 부족한 은수가 혼자 공부를 하니, 혼자서도 재미있게 공부할 거리를 찾아서 만들어주면 된다. 요즘 일인용 보드게임이 많이 나오는데, 은수는 조작 활동을 잘하니까 수의 개념과 연산을 재밌게 익힐 수 있는 보드게임 종류가 다른 것 2개 정도 사서, 매일 번갈아 가며 40분 정도 놀게 하자. 교육 애니메이션이나 동영상으로 수학을 좀 더 재미있게 접하게 한 뒤, 그대로 따라 그리면서 후 활동을 하자. 수학 개념을 쉽게 풀어놓은 학습만화를 계속 읽히는 것도 중요한데, 정해진 시간 학습이 아닌데 이런 놀이수학을 통해 자꾸 강요하는 것은 좋지 않다.

이렇게 해도 나아지지 않는다면, 개인지도로 부족한 부분을 채워주는 게 가장 효과적이다. 대학생 선생님의 방문 학습으로 수학 흥미와 현행·후행 모두 잡고, 그래도 안 된다면 학원 또는 공부방의 도움을 받는 것도 좋다. 엄마의 체벌도 효과가 없고 은수는 나름 힘든 상황이다. 이럴 때는 선생님 등 전문가의 도움을 받는 게 현명하다.

Q05 집에서 엄마는 은수의 수학 공부를 위해 어떤 역할을 하면 좋을까?

집안 환경이 다소 삭막해 보인다. 그리고 수업 시간을 보면 너무 강압적이어서 은수가 힘들어하는 게 보였다. 조금은 더 부드럽고 쾌활한 분위기로 이끌면서 아이에게 칭찬을 많이 해 주는 엄마의 역할이 필요하다. "은수, 오늘 뭐 배웠어? 재미있었어? 어떻게 재미있었어?" 등의 대화로 아이가 흥미가 생기는지, 배운 걸 제대로 이해했는지 파악하는 역할을 하자. 동영상을 시간 맞춰 틀어주고, 보드게임을 챙겨주는 코치 역할을 충실히 해주면서 엄마는 은수 옆에 딱 붙어서 지켜봐줘야 한다. 은수가 습관이 들고 집중력이 높아질 때까지는 엄마가 옆에서 지켜봐주는 게 정말 중요하다.

은수가 창의력 수학은 재미있게 하듯이 재미있어할 거리를 계속 찾아 제공하는 게 엄마의 역할이다. 은수가 좋아하는 선생님을 찾고, 좋아할 만한 보드게임을 사 주고, 그림 그릴 거리 제공해주고, 공부가 걱정될 때는 학원을 알아봐 주는 등 여러 가지가 있다. 또 너무 놀이 수학에만 집중해서도 안 되니, 수학 문제집 가운데 부록이 아주 많은 저학년 문제집이 있다. 뒷부분 종이를 떼어내 조립도 하고, 바둑돌이나 작은 공깃돌 등과 같은 물체들이 있어서 실제로 세어보기도 하고, 다채로운 그림과 스토리가 있어서 이해가 쉬운 교재가 있는데, 이를 사서 은수와 함께 푸는 활동을 권한다.

8 추론력을 키우자

초등
2학년

연기, 피아노, 미술, 태권도까지! 다양한 예체능에 실력을 보이는 준서! 수학놀이도 혼자서 잘하고 재밌어하는데… 하지만! 수학 공부 시간만 되면 한숨부터? 본격적으로 문제를 풀 때까지 한참 걸리는 준서. 게다가 엄마도 준서의 학습은 모두 학습지 선생님께만 맡기고 있는 상황! 준서와 엄마를 위한 올바른 학습 관리법은?

Q01 공부를 시작하는 게 힘들고 집중력도 떨어지는 준서를 어떻게 도와줘야 할까?

문제를 조금 풀다가 딴짓하고, 엄마가 초시계 재니까 좀 바짝 풀다가 이내 딴짓하는 등 시간 대비 효과적인 학습은 안 된다. 학습지 푸는 모습을 보니 연산 자체는 잘하는 것 같다. 두 자릿수 곱셈은 3학년 수준인데도 잘 풀고 빨리 푼다. 이 수준이면 더는 연산에 시간을 할애할 필요가 없다. 연산을 좀 줄이는 대신에 읽고 해결 과정을 추론하는 힘을 길러주는 문제를 접하면 좋겠다. 앉아 있는 시간은 공부하는 시간이 아니다. 공부가 체계적이지 않아서 집중력이 흐트러지고 시작하는 데도 힘이 많이 든다. 사실 2학년이면 30분만 앉아서 집중해도 충분하다. 그안에 도전을 느낄 만한 문제나 재미있는 학습 거리를 제공한다면 충분히 잘하겠다.

준서 실력을 선생님께 묻는 것을 과도한 관심으로 생각하는 선생님은 없다. 오히려 준서의 부족한 면을 설명해주고 조언을 해줄 것이다. 실력은 선생님한테 진단받는 게 가장 정확하다.

어렸을 때의 많은 경험은 준서가 좋아하는 것을 찾을 수 있어서 매우 좋다. 하지만 공부를 시작하기 전까지 시간이 오래 걸리고, 계속 딴짓을 한다. 준서만의 공부방, 공부 환경을 조성해줘야 한다. 책상에 앉아 있는 시간과 집중하는 시간은 다르다. 오래 앉아 있다고 다 좋은 건 아니다. 시간 재기보다 공부 시간을 정해주는 게 더 효과적이다. 이럴 때는 '30분 내로 이만큼 풀어!'라는 식으로 시간을 정해주는 게 효과적이다.

Q02 준서가 진단 평가를 풀었을 때 실제 수준을 가늠해본다면?

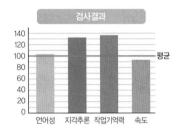

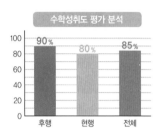

공부 진단검사 결과 (※민성원연구소 협조)

인지능력 123/140(우수)

언어성 108/140(평균) | 지각추론 131/140(매우 우수)

작업기억 138/140(매우 우수) | 처리속도 92/140(평균)

※ 강점 – 토막짜기, 숫자, 순차연결, 행렬추리

※ 약점 – 기호쓰기, 어휘, 동형찾기

수학성취도 평가 1–2 후행 90% | 2–1 현행 80% | 평균 85%

준서는 시각적 집중력이 다소 떨어지는데 청각적 집중력은 매우 우수하다. 집중력에 아주 큰 문제가 있어 보이지는 않는다. 단순 연산 말고 재미있게 풀 거리를 주면 빨리 시작하고 곧잘 풀 것 같다. 추론력이 약하며, 기하보다 대수 부분의 덧셈과 뺄셈 응용 유형이 취약하다. 단순연산에서 벗어난 학습이 필요하다. 준서가 예체능 쪽에 남다른 재능이 있다면 조기에 집중적으로 키워주는 것은 필요하지만, 학습을 게을리해서는 안 된다. 연산뿐 아니라 현행 과정인 덧셈과 뺄셈 응용 유형 과정을 문제집을 통해 부지런히 학습시키는 게 좋겠다.

준서는 청각적 학습자라고 해서 눈으로 보고 풀 때의 집중력은 떨어지는 반면, 귀로 듣고 이해하는 데는 강하다. 필산도 중요하지만 직접 문제를 불러주면 듣고 계산하는 방식에서 훨씬 더 연산에 흥미를 느낀다. 수준에 맞는 문제 제공 또는 또래 학습으로 선의의 경쟁을 끌어내면 좋다. 연산뿐만 아니라 연산을 응용한 다양한 문제로 수학적 사고력을 길러야겠다.

Q03 준서의 수학 실력이 나쁘지는 않아 보이는데, 수준을 본다면?

2 어떤 수에서 43을 빼었더니 24가 되었습니다. 어떤 수보다 11 작은 수는 얼마입니까?

① 55　　② 56　　③ 57
④ 58　　⑤ 59

7 □안에 들어갈 수 있는 숫자를 모두 고르세요.

① 5　　② 6　　③ 7
④ 8　　⑤ 9

19 그림과 같이 17을 넣으면 8이 나오는 상자가 있습니다. 이 상자에 32를 넣으면 얼마가 나옵니까?

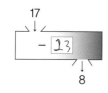

1번 : 23

20 다음은 각자의 공책의 길이를 어림한 것과 자로 잰 길이의 차를 구한 것입니다. 공책의 길이를 가장 잘 어림한 사람은 누구입니까?

하은 : 4cm　정선 : 0cm　지은 : 3cm
예음 : 1cm　명우 : 7cm　정옥 : 5cm

1번 : 명우

지금은 **추론력 향상이 관건이다.** 3학년 과정의 곱셈도 잘하는데 2학년 응용 추론 문제에 약하다는 건 단순 연산 대신에 양질의 문제를 많이 풀어야 한다는 뜻이다. 특정 문제보다 2학년 교과서와 문제집의 문제 모두를 풀어봐야 한다. 엄마가 개념을 설명한 후 다양한 문제를 바로 풀어보게 하면 실력이 향상될 수 있다. 그 안에서 재미를 붙이면 집중력도 오를 것이다. 앞으로 서술형 문제도 나올 텐데, 이 또한 기초개념을 익히고 하루 3문제씩 규칙적으로 푼다면 잘하겠다.

몇 문제에서 반대의 상황을 답으로 쓰는 경우가 있는데 정말 몰라서인지 단순 실수인지 엄마가 확인하고, 몰라서 틀렸다면 어림하기와 크기 비교 개념은 다시 한 번 짚어주자.

Q04 준서가 계속 딴짓을 하는데 학습습관을 어떻게 잡아야 할까?

2학년은 사실 아직 스스로 잘할 수 없는 시기다. 게다가 예체능 공부와 모델 활동을 하면서 교과 학습을 체계적이고 규칙적으로 하지 않아 공부습관이 잡히지 않았는데, 단순히 '풀어!' 하면 되지 않는다. 당분간 엄마가 옆에 꼭 붙어 있어야 한다. 공부 시간을 포함한 생활 계획표를 짠 다음 주어진 시간에 해야 할 일을 집중해서 하는 훈련을 엄마와 함께해야 한다.

준서의 경우에는 지루한 연산 10분, 놀이수학 20분, 교과서 10분, 놀이수학 20분의 방식으로 놀이수학을 공부 중간에 넣어주자. 또한 1일-교과서 10분·놀이수학 30분·수학동화책 읽기, 2일-문제집 10분(연산 제외)·놀이수학 30분·수학동화책 읽기, 3일-학습지 숙제 20분·놀이수학 20분·수학 동화책 읽기, 이런 식으로 요일마다 변화를 주는 다채로운 구성도 좋겠다.

Q05 놀이수학과 함께 준서가 좋아할 만한 학습법이 있다면?

하루 동안 풀었던 문제 중에 가장 중요하다고 생각한 문제를 3개만 추려 가족들 앞에서 강의해보자. 그 안에서 더욱 실력을 다질 수 있고 잘못 이해한 부분은 엄마와 아빠가 수정해 줄 수도 있다. 발표를 위해 문제를 더 적극적으로 풀 수도 있다. 연기 활동을 하는 준서가 자신이 공부하는 모습을 촬영한 후에 그 모습을 보며 엄마아빠와 함께 중계 놀이를 하며 좋은 점, 고칠 점도 찾아보자. 영상을 이용한 인터넷 학습도 준서에게는 적합하다. 친구가 많고 밝고 긍정적인 아이라면 또래 친구와 경쟁하면서 공부하는 게 좋을 수도 있다.

Q06 엄마는 준서에게 화를 낼까봐 채점도 안 하는데 어떻게 도와줘야 할까?

현재 엄마의 태도는 방관과 방목의 중간 정도다. 매일 규칙적으로 학습과 모델 활동 등 스케줄 관리를 함께 하는 적극성이 필요하다. 2학년 수학 교과서에도 수많은 개념과 기초문제가 나온다. 학습지의 단순 연산 공부만으로는 교과 학습도 안 되니, 엄마가 함께 공부해야 한다. 준서에게 올바른 생활 습관을 들이는 건 엄마의 역할이자 책임이라는 걸 기억하자. 공부한 내용을 엄마가 확인하지 않기 때문에 앉아 있는 시간만 늘어난다.

준서와 함께 문제 한 장을 풀어보고 수준을 파악한 다음, 수준에 맞는 구체적인 계획표를 짜는 것도 좋고, 선생님들에게 준서의 실력을 문고 약한 부분은 어떻게 보완하면 좋을지 물어서 계획을 세우자. 서점에서 함께 놀이수학 문제집이나 자료를 사자. 문제를 풀면 곧바로 채점하고 보충해주자. 준서와 함께 엄마도 변해야 한다.

핵심 조언!

하나! 수학 놀잇감! 수학 실력을 향상시키기 위해 다채로운 수학 놀이를 제공하자.

둘! 독서! 언어성 향상을 위한 독서로 수학적 사고력도 쑥 올리자.

셋! 이정표! 올바른 방향 제시로 재미있는 '수학' 여행을 시켜주자.

넷! 영화배우 안성기! 대배우처럼 수학 공부 전에 마음을 다잡고 집중력을 최대로 키우자.

---

02 초등 3·4학년, 진짜 수학공부는 지금부터다

1 서술형 문제, 능동적이고 활동적으로 접근하고 표현하자

초등
3학년

집중력 최고! 독서왕 서준. 하지만 공부만 하면 180도 달라지는 태도! 글 같은 게 많아서 복잡하고, 30글자는 써야 하는데… 서술형이 너무 싫어요. 서술형 문제를 어려워하는 아이. 과연 독서왕 서준이가 서술형 문제를 어려워하는 이유는?

Q01 책을 많이 읽는 아이인데도 서술형 문제를 풀지 못하는 이유가 무엇일까?

거실도 그렇고 방마다 책이 아주 많다. 어려서부터 독서에 익숙해져 아이가 손에서 책을 떼지 않는 것 같다. 초등 저학년에는 학습만화도 독서습관을 기르는 데는 도움이 된다.

지금은 책을 단순히 읽기만 하고 '분석적인 독서'를 하지 않은 게 문제다. 이해력이 안 좋은 것은 아닌 것 같은데, 다만 정확하게 내용을 파악하고 표현하는 능력이 다소 부족한 듯싶다. 책을 읽으면 아주 간단하게라도 책의 내용을 말이나 글로 정리해서 표현하는 습관을 들이면 좋겠다. 엄마가 자상하고 아이와의 관계도 원만해 보여서 잘 지도하면 좋은 결과를 낼 것이다. 독서를 많이 한다고 수학 문제를 잘 이해하는 건 아니다. 수학의 스토리텔링은 단순 책 읽기와 다르게 연습이 필요하다. 독서와 함께 아이가 모든 것을 수동적으로 받아들이는 분위기가 아닌지, 표현하는 활동을 조금 더 키우면 학습에 도움이 될 수 있다.

Q02 단답형 문제는 잘 풀다가 서술형에서 막히는데 현재 수준은?

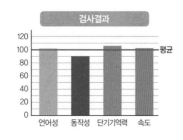

공부 진단검사 결과 (※ 민성원연구소 협조)

인지능력 100/120 (평균 상)

언어성 105/120 ┃ 동작성 90/120

단기기억력 105/120 ┃ 속도 100/120

※ 강점 – 숫자, 어휘, 동형찾기

※ 약점 – 공통그림찾기, 기호쓰기, 행렬추리

수학성취도 평가 후행 33.3% ┃ 현행 73.3% ┃ 평균 53.3%

특별한 문제점을 발견하지 못했고, 맞춘 문제의 풀이를 보면 예상보다는 잘 썼다. 하지만 평소는 서술형 문제에서 많이 막힌다는 것으로 봐서, 읽는 훈련은 잘 되어 있는데 쓰는 연습이 습관화되지 않았을 수 있다. 또 하나는 서술형만의 문제가 아닐 수 있다. 수학에서 문제를 틀리는 가장 큰 원인은 기초가 부족해서다.

Q03 난이도는 높았지만 후행이 생각보다 낮았는데 틀린 문제는?

6 은경이네 과수원에서는 감을 수확하여 한 상자에 40개씩 담아 포장하였습니다. 포장한 상자가 876상자라면 수확한 감은 모두 몇 개입니까?

$876 \times 40 =$

8 사다리꼴 ㄱㄴㄷㄹ에서 변 ㄱㄴ에 평행한 직선 ㄹㅁ을 그었습니다. 변 ㅁㄷ은 몇 cm인지 구하시오. $18 \div 2 \cdot 9$

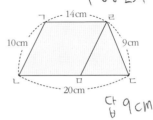

답 9cm

11 두 평행선 가와 나 사이의 거리가 8cm 일 때, 사다리꼴 ㄱㄴㄷㄹ의 네 변의 길 이의 합은 몇 cm입니까?

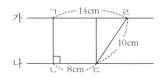

15 한 시간에 전체의 $\frac{3}{10}$씩 타서 없어지는 양초가 있습니다. 양초에 불을 붙이고 얼마 후에 보니 전체의 $\frac{1}{10}$이 남았습니 다. 불을 붙인 지 몇 시간이 지난 것입니 까?

후행은 15개 문제 중 5개를 맞았는데, 기초가 부족하다. 6번 문제를 보니 연산 연습이 부족하고, 8번 문제는 평행의 의미와 도형의 성질에 대한 이해도 부족하다. 14번도 문제 자체를 이해하지 못했다. 더불어 세 자리 곱셈의 연산 실력도 부족하다. 공부방이나 학원의 도움을 받아 기초부터 다져야 한다. 현행은 서술형 문제는 많이 맞혔는데 단답형 문제를 틀렸다. 풀이 흔적이 없는 문제도 보이는데 문제 자체를 이해하지 못한 듯하다. 각에 대한 문제는 많이 풀어봐야 한다. 분수는 진분수, 가분수 등 분수의 종류와 특징, 계산 방법도 익힐 필요가 있다. 학원이나 개인 교습을 권하고, 이해하고 있는지 철저하게 확인하도록 한다.

Q04 엄마는 서술형 문제도 이해보다는 암기를 우선해야 하는 게 아닐까 생각하는데?

독후감을 쓰면 현재의 쓰기 능력과 이해력을 알 수 있으며 공부한 것을 표현하는 능력도 향상된다. 이 능력이 키워지면 수학 학습능력도 오를 것이다. 수학공부도 푼 것을 정리하고 말로 표현하는 능력을 키워야 하므로, 문제를 풀면 꼭 쓰고 말하는 시간을 가지자.

서술형은 암기 영역보다는 이해 영역이나 표현 영역에 가깝다. 잘 안

풀릴 때는 답지를 보고 그대로 천천히 써보고 몇 번 읽도록 지도하자. 엄마 앞에서 문제를 소리 내어 읽어보고 풀어보는 분석적 학습이 필요하다. 주어진 것과 구하는 것을 쓴 다음 다시 문제를 풀게 하면 조금 문제가 쉬울 것이다. 화이트보드를 놓고 엄마와 함께 풀면서 이야기를 나눠봐도 좋다.

Q05 현재 엄마가 직접 서준이를 가르치는데 아이를 위한 역할은?

책을 좋아하는 아이니까 공부를 잘할 가능성은 있다. 아이보다 낮은 수준의 책은 정리하고 높은 수준의 책을 좀 더 갖춰서 읽다 보면 난도가 올라가 더 많은 사고를 할 수 있다. 연필로 글씨를 잘 쓰는 게 세근육 발달에 도움이 되므로, 독서 후 느낌을 간략하게 써보도록 한다. 내용이 기억나지 않으면 보고 써도 괜찮다. 또 엄마 앞에서 책 내용을 이야기해볼 수 있다면 쓰기와 이야기를 통해 분석적인 독서가 가능하다.

엄마의 지도가 학습적인 측면에서는 효과가 없을 수도 있다. 전문성 있는 도움을 받아보겠다는 생각의 변화가 필요하다. 조금 더 활동적인 방법으로 수학공부에 접근해야 한다. 혼자 노는 보드게임, 미션 달성의 수학책, 전개도를 조립해 집안에 필요한 소품 만들기, 책에서 수학 원리나 개념을 찾아 신문 만들기 등 다양한 활동을 함께 하자. 지금 하는 독서도 꾸준히 이어간다면 언젠가는 반드시 빛을 발할 것이다.

책은 출판하기까지 오랜 기간이 걸리는 반면 TV는 최신 뉴스를 바로 접할 수 있다. 적절한 수준의 TV 시청은 아이에게 도움이 된다. TV를 없애는 이유는 무의미한 시청과 가족 간 대화의 단절 때문이다.

2 연산과 시계보기, 흥미 있게 학습하자

초등
3학년

수학이 재미있고 좋다는 초긍정 소녀 다인! 하지만! 엄마의 생각은 다르다? 수학 문제를 풀 때 집중력이 약하고 연산과 시계보기가 아직 부족하다는데⋯. 아이의 수학 흥미를 유지하면서 부족한 실력까지 채울 방법은?

Q01 다은이가 수학공부를 할 때 집중하지 못하는데?

계획표를 보면 해야 할 일이 꽤 많다. 지금은 매일 영어, 국어, 수학을 공부하고 있다. 3학년인데 벌써 네 자릿수 뺄셈을 한다. 이건 3학년 2학기 후반에나 배운다. 엄마가 채점하는 사이에 아이는 다른 문제집을 푸는데, 함께 채점하면서 곧바로 피드백을 줘야 학습 책임감이 올라간다. 낙천적이고 긍정적인 태도는 좋지만, 집중력이 떨어진다. 그래도 수학이 재미있다고 느끼는 이유는 학교에서 수학을 재미있게 배우기 때문일 것이다. 초등 저학년 수학은 활동과 놀이 위주이고 도구를 사용하니 재미있는데, 집에서는 문제만 푼다. 반복되는 연산문제 풀이는 수학의 재미를 반감시킬 수 있기 때문에 집에서도 수학 흥미를 느끼게 학습 방법에 변화를 줘야 한다. 문제집을 선택할 때도 아이가 흥미 있어 하고 재미있어할 만한 것으로 해야 한다. 엄마가 흥미 있게 이끌어주면 수학 기본 개념도 잘 다질 수 있겠다.

Q02 네 자릿수 뺄셈과 시계보기의 실력은 어떨까?

왜 지금 네 자릿수 뺄셈을 하는지가 가장 큰 문제다. 지금은 네 자릿수 뺄셈을 하기보다는 학년별 진도에 맞춘 현행학습이 필요하다. 네 자릿수 뺄셈으로 틀리는 경험을 하게 되면 자존감과 흥미가 떨어질 수 있으니 선행을 시키는 건 좋지 않다. 시계보기 또한 모형시계를 활용하여 '몇 분 전' 등 뺄셈과 연관시켜 연습해야 한다. 뺄셈에 대한 개념을 잘 다지는 것이 중요하다.

Q03 다은이의 진단 검사 결과와 성향을 본다면?

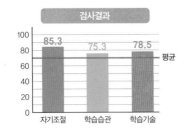
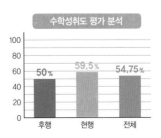

공부 진단검사 결과 (※창의적열정연구소 협조)

수학 학습습관 검사

자기조절 85.3% | 학습습관 75.3% | 학습기술 78.5%

※ 강점지능 – 음악지능, 자연친화지능, 자기이해지능

※ 학습성격 유형 – 분석적인 학습자

수학성취도 평가 후행 50% | 현행 59.5% | 평균 54.75%

    지금 공부하는 학습지가 다은이에게 맞는지 확인해보고, 수준에 맞춰 푸는 분량을 조절할 필요가 있다. 본인이 관심 있어 하는 건 열심히 푸니까 연산 풀이에서 벗어나 교과 공부와 균형을 맞춰 학습하면 훨씬 도움이 된다. 엄마와 사이가 좋아서 긍정적인 피드백과 수준에 맞는 문제집, 학습량만 조절하면 되겠다. 시계 문제는 다시 한 번 공부하면 좋겠다. 도형 문제는 기본 개념 문제인데, 정확한 용어를 사용해 표현하는 연습도 필요한 시점이다. 아직은 문제 속에서 단서를 찾아내는 연습이 부족한 것 같다. 전반적으로 후행이 필요하다.

　다은이의 성향은 상당히 긍정적이고 낙천적이다. 그런데 긍정적인 성향이 자신의 실력에 대해 착각하게 할 수도 있다. 엄마는 아이의 부족한 부분과 모르는 부분을 정확히 파악해야 한다. 기본적으로 집중력은 좋다. 그런데 아무리 집중력이 좋아도 내 실력에 맞지 않는 문제는 집중력을 떨어뜨릴 수밖에 없다. 다은이는 책임감도 있고, 시간 관리 능력도 높다. 이제는 학년이 오를수록 능동적으로 시간을 관리하게 도와줘야 한다. 지금 어휘력이 다소 낮으니 독서로 어휘력을 키워야 하겠다. 다은이의 재능에 비해 성적이 안 나오는 건 점수 욕심이 없기 때문이다. 엄마가 점수 욕심을 끌어낼 보상과 더불어 학습 목표를 아이에게 제시하면 좋겠다.

Q04 다은이를 위한 뺄셈과 시계보기 학습법은?

2 수정이가 가지고 있는 붙임딱지는 100장씩 2묶음, 10장씩 14묶음, 낱장 17장 있습니다. 수정이가 가지고 있는 붙임딱지는 모두 몇 장인지 풀이과정을 쓰고 답을 구하시오.

풀이 　14를 10개를
　　　더하면 답이
　　　나온다.

답 　414

4 도윤이는 오전에 도서관에 들어가면서 시계를 보니 아래와 같았다. 책을 읽고 도서관에서 나왔더니 들어갈 때보다 시계의 긴바늘이 두 바퀴 반 더 돌았다.

　도윤이가 도서관에서 나온 시각은 몇 시 몇 분인가?

(11시 20분)

8 도형이 삼각형이 아닌 이유를 쓰시오.

이유 <u>반듯 하지 않고</u>
<u>쪽쪽하지 않습니다</u>

18 공책의 긴 쪽의 길이는 클립으로 6번
입니다. 클립의 길이가 약 3cm일 때 공
책의 긴 쪽의 길이는 약 몇 cm입니까?

약 (550m)

받아내림이 있는 뺄셈은 엄마가 설명할 때 아이의 입장에서 설명해야
이해하기 쉽다. 10의 자리를 해체하여 낱개로 만들어 설명해야 한다.
교과서에 나오는 수모형을 활용해 설명하면 좋다. 모형시계를 활용하는
것도 추천한다. 그다음 직접 시계를 그려보면 좋겠다. 평소에도 '2시 30
분까지 해봐'가 아닌 '3시의 30분 전까지 해봐'라고 말하는 것도 도움이
된다.

Q05 다은이에게 맞는 수학 학습법이 있다면?

학습방법과 내용 개선이 필요하다. 3학년은 스스로 공부하기는 어려
우니 학년에 맞는 학습 동영상을 활용하고 전문가의 도움을 받자. 학습
지 선생님을 불러 정확한 피드백을 받아야 한다. 지금 다은이는 양보다
는 질에 초점을 맞추고, 낮은 단계의 연산부터 실력을 다져야겠다.

생활 속에서 수학적 사고력을 키워줘야 하고, 이는 놀이수학이 정답
이다. 놀이수학을 잘 지도하려면 교과서를 참고하자. 활동과 놀이 위주
로 구성된 수학 교과서를 통해 카드게임, 말판놀이 등 교과서 속 수학
놀이를 활용해야 한다. 그리고 꾸준한 독서로 어휘력을 높이고, 스토리
텔링형 문제 등 다양한 유형의 문제를 접하는 것도 좋다.

Q06 다은이의 수학공부를 위한 엄마의 역할은?

지금 다은이의 공부를 몰아서 시키는 것 같다. 아직 어려 아이가 힘들어 할 수 있으니 좋은 방법은 아니다. 수학학습 시간을 분산시켰으면 좋겠다. 수학-수학-수학이 아니라 음악-수학-미술-수학 등 좋아하는 활동 사이에 수학을 넣으면 능률이 오르게 된다. 그리고 혼자 있는 시간에 할 수 있는 학습량을 정해줘야 한다. 채점도 학습의 연장이므로 채점을 함께 하면서 바로 피드백을 줘야 한다. 차근차근 노력해나가는 편이라 충분히 좋은 성과를 내겠다.

핵심 조언!

하나! 단기 목표를 잡아라! 단기 목표를 세우고 문제를 해결해 가자.

둘! 재미있는 수학공부! 재미있는 수학공부로 흥미를 높여주세요.

셋! 강점을 살리자! 강점은 살리고 약점은 보완하자.

넷! 지폐! 생활 속에서 돈을 활용하여 네 자릿수를 익히자.

코딩처럼 수학도 분해하고 조립하며 답을 찾자

코딩에 푹 빠져 있는 진호! 실력이 예사롭지 않은데 수학 공부만 시작하면 한숨부터 내쉰다. 엄마와 공부할 때 집중하지 못하고, 수학 공부를 할 때면 흐트러지는 자세. 코딩만큼 수학을 좋아하게 할 방법이 필요하다!

Q01 코딩의 바탕이 수학인데 왜 수학과 코딩을 다르게 대할까?

코딩이란 일종의 번역기로 코딩언어로의 번역과 배치, 계산 등이 정교하고 잘 맞아야 완벽한 명령처리가 이뤄지므로, 수학적 사고와 계산력이 기반이 된다. 코딩은 수학과 관련이 깊고 교육계에서도 2018년부터 정규교육으로 시행하고 있어 흐름에 맞추어 공부하는 건 바람직하다. 코딩은 기본 기능을 익히고 조금만 노력하면 결과가 즉시 나타난다. 하지만 수학은 코딩만큼 큰 반향이 없어서 그런 듯하다.

수학 문제도 코딩처럼 순서도에 조건을 쓰는 방법으로 흥미를 유발하면 좋겠다. 서술형 문제를 풀려면 ① 식을 세운 후 풀이 과정을 말로 표현하기, ② 긴 문장은 끊어서 식으로 표현하기, ③ 선생님과 함께 끊어 읽고 식 쓰는 연습부터 하기로 공부하자.

진호는 수학을 대할 때 문제를 풀어야겠다고 생각하는 게 아니라 못 풀겠으면 곧바로 별표를 친다. 이를 막으려면 매일 같은 시간에 수학공부를 해야 한다. 빨리 끝내고 다음 무언가를 하려는 생각에 늘지를 않는다. 많은 아이들이 서술형 문제를 글로 표현하기를 어려워한다.

스스로 공부할 때까지 기다려주는 게 필요하다. 수학도 하고 싶을 때 뺏어버리면 더 하고 싶은 만큼, 코딩도 마찬가지다. 중간에 뺏으면 하던 걸 더 하고 싶게 만든다. 조립과 코딩을 좋아하는 것을 보면 이과에 관심은 큰데 수학은 아닌 것 같다.

Q02 진호의 공부 방법에 대한 검사 결과를 본다면?

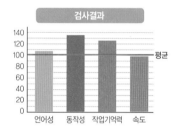
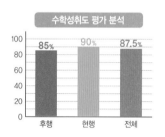

공부 진단검사 결과 (※ 민성원연구소 협조)

인지 능력 123/140(우수/상위 6%)

언어성 108/140(평균/상위 29.7%)

동작성 135/140(매우 우수/상위 1%)

작업기억 125/140(우수/상위 4.6%)

처리속도 97/140(평균/상위 57.3%)

※ 강점 – 토막짜기, 순차연결, 행렬추리

※ 약점 – 기호쓰기, 어휘

지각추론 동작성이 매우 우수하고, 언어성과 동작성의 차이가 27점 차이로 편차가 크다. 공간 지각력은 좋은데 문제로 변환된 것을 틀리는 이유는 연습 부족으로 판단된다. 좋아하는 과목과 그렇지 않은 과목에 임하는 진호의 태도가 확연히 달랐다. 수학을 대충하고 넘어가다 보면 습관이 되어 과정 중심의 평가가 중요시되는 지금은 좋은 점수를 받을 수 없으니 공부하기 싫더라도 습관을 길러야 한다. 수학에 대한 흥미 자체를 일깨워주면 수학을 일관성 있게 대하는 자세가 저절로 생길 텐데, 관심 분야인 코딩이나 조립 관련 독서를 한다거나 국어 활동을 통해서 서술형에 적응되고 흥미를 느끼게 하는 것이 필요하다.

진호가 수학을 아예 못하는 것은 아니다. 하지만 어려운 문제에 도전해보려는 자신감이 부족한 상황이다. 긴 문장 읽기를 어려워하는 모습이다.

Q03 수학 평가지 속 틀린 문제들을 살펴본다면?

11 엘리베이터로 1층에서 4층까지 가는데 6초가 걸립니다. 이 엘리베이터로 30층까지 쉬지 않고 간다면 몇 초가 걸리겠습니까?

① 55초　② 58초　③ 61초
④ 64초　✕ 67초

19 사각형 3개와 삼각형 5개가 있습니다. 변의 수는 어느 쪽이 몇 개 더 많습니까?

삼각형 쪽이 5 개 더 많습니다.

18 아래 그림에서 색칠된 직각삼각형을 포함하는 크고 작은 직각삼각형은 모두 몇 개입니까?

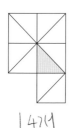

1 4개

꼼꼼하지 않아서 틀린 문제가 눈에 띄고, 서술형이나 추상화된 문제를 이해하는 데 어려움을 겪고 있다. 11번 문제의 경우 1층부터 4층까지 6초에 3개의 층을 지난 것으로, 한 층 이동에 2초가 걸린 걸 못 풀었다. 19번 문제도 사각형과 삼각형의 변의 수 비교 문제를 못 풀었다. 서로 다른 색연필로 두 도형을 그려보고 구별해 세어보면서 도식화하고 익숙해지자.

Q04 혼자서 공부하는 진호에게 알맞은 학습법을 찾아준다면?

누군가의 도움이 필요하다. 엄마와 함께 수학 진도표를 구체적으로 만들어서 계획하고 실천한 정도를 표시하고 피드백하는 방법을 사용하자. 예를 들어 서술형 5문제 풀기, 틀린 문제 오답노트에 작성, 오답 중 한 문제 골라 설명하기 등 구체적인 계획을 세우고 실천 여부를 체크하면 성취도도 느끼고 습관을 형성하는 데 도움이 된다. 또 문제를 차분히 설명해줄 선생님과 공부하는 게 가장 좋다. 즐겁게 따라가다 보면 문제 풀고 싶은 마음이 저절로 생기게 된다.

수학 문제집의 수준은 보통 학교 문제보다 높고 양도 많다. 문제집 수준을 한 단계 낮추면 아이가 지금보다는 즐겁게 공부할 것이다. 학습시간 구성은 학교 복습·일반 기초개념 문제집 20분, 서술형·스토리텔링형 문제 풀이와 인터넷강의 15분, 서술형 문제 하루 5문항 15~20분으로 하루 50분 정도 매일 공부하고 선생님과 일주일에 이틀 정도 만나면 습관이 잡히겠다.

Q05 채점할 때마다 언성이 높아지는데 엄마에 대한 조언이 있다면?

엄마가 진지하게 화내지 않다 보니 진호가 엄마의 눈치를 살피긴 하지만 심각하게 받아들이지 않아 보인다. 엄마로서 사랑도 필요하지만 권위도 있어야 한다. 공부의 편식이 일어나지 않도록 시간 배분에 신경 쓰고, 엄하게 대해도 된다. 혹시 엄마가 조금 더 가르쳐보고 싶다면, 3학년 인터넷 강의에서 서술형, 스토리텔링형 문제 풀이를 함께 수강하도록 한다.

엄마는 가르치는 것보다 아이의 꿈으로 동기를 유발하는 것이 더 중요하다. 즉 진호에게 과학자나 코딩 관련 프로그래머를 만나게 해준다면 분명히 변할 것이다. 그분들이 분명 수학의 중요성으로 동기를 유발할 것이기 때문이다. 그게 어렵다면 관련 책을 읽어보자. 기본 개념을 식으로 세우는 문제해결 과정이 코딩의 기본 역량 강화에 도움이 됨을 알 것이다.

핵심 조언!

하나! 문제 분해하기! 코딩처럼 수학 문제도 분해하여 조합하면서 답을 찾는 연습을 하자.

둘! 빌 게이츠! 코딩만큼 수학 공부도 꾸준히 해야 훌륭한 사람이 될 수 있다.

셋! 손잡아주기! 편안한 마음으로 문제를 풀도록 방법을 가르쳐 주자.

넷! 웃고, 온화하고, 놀라고! 다양한 표정으로 수학 공부도 열심히 하고 관계도 돈독히 하자.

4 현행에 집중하고, 사고력·창의력 수학을 접하자

초등
4학년

다양한 악기를 다루는 음악적 재능! 앉은 자리에서 책 한 권 뚝 딱 읽어내는 집중력! 그리고 자기주도학습 능력까지 갖춘 하린. 수학적 재능까지 갖췄지만, 집에서의 학습은 부족하고 예습으로 인해 학교 수업이 지루하다고 말하는데… 엄마 또한 하린이의 학습 방향을 어떻게 잡아줘야 할지 궁금한 상황!

Q01 혼자서 시간 관리도 공부도 잘하는데 어떻게 공부해야 할까?

하린이는 학습 의욕과 집중력도 강하고 학습태도도 너무 좋다. 수학 이해력도 좋고 잘할 가능성도 아주 높다. 책상에 제대로 앉아서 책 한 권도 대충 읽지 않고 꼼꼼하게 한 글자 한 글자씩 읽어가는 게 정말 훌륭해서 칭찬해주고 싶으며 재능도 있고 성실한 모범생이다. 4학년인데 이렇게 혼자서 잘한다는 것은 앞으로도 잘할 수 있는 토대가 된다. 엄마는 큰 방향만 제시하면 되겠다. 하지만 앞으로는 집에서 공부하는 시간이 더 중요해지므로 수학과 함께 다른 과목도 하린이 혼자서 척척 공부하도록 함께 계획을 세워보는 것도 좋겠다.

하린이 공부 환경을 보면 가끔 학습 효과를 높이기 위해 각각의 활동 장소를 분리한다. 공부한 내용을 암기해 복습하는 백지학습법이라는 자기주도학습법의 하나다. 배워서 머릿속에 있는 내용을 그대로 꺼

내 노트에 정리하는 방법으로, 최상급의 자기주도학습일 수 있다.

Q02 한 학년 위인 5학년 것을 더 배우길 원하는데 괜찮을까?

하린이는 모든 부모가 바라는 자기주도 학습능력이 강하다. 그런데 '예습을 많이 해서 학교에서 그 단원을 배울 때 지루해요'라고 말한 것처럼, 학교 교과 과정이 지루하다는 생각이 들 정도로 앞서나가는 선행은 절대 권하지 않는다. 오히려 수학 흥미를 떨어뜨릴 수 있으니 현행에 더 집중하는 게 좋다. 복습하는 자세는 머리로만 하는 건 한계가 있으므로 이제부터는 교과서를 보면서 체계적으로 복습해보자. 책을 보며 수업시간을 떠올리고 자연스럽게 선생님 말도 떠올려가며 내용을 쓰는 것이 학년이 올라갈수록 더 적합하다. 지금은 잘 따라가더라도 고학년이 되면 혼자서 풀어보고 연습하는 부분들을 늘리는 건 상당히 중요하다. 학교에서 배우는 과정에 충실하고, 과외 수업을 하려면 선행보다 현행 심화를 하는 게 좋겠다.

Q03 현재 공부 상황과 수학 실력을 본다면?

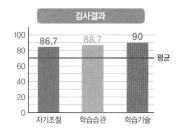
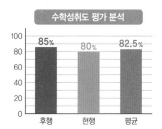

수학 학습습관 검사

자기조절 86.7%(높음) | 학습습관 88.7%(높음)

학습기술 90%(매우 높음)

※ 강점 – 언어지능, 논리수학 지능, 대인관계 지능

※ 학습성격 유형 – 베푸는 학습자

수학성취도 평가 후행 85% | 현행 80% | 평균 82.5%

정서가 대단히 안정적인 것을 넘어 풍부하다. 무엇이든 도전하고 스스럼없이 받아들일 준비가 됐다. 다양한 예체능 활동과 학업 스트레스가 없어서 안정된 결과가 나올 수 있었던 것으로 생각하는데, 여기에는 엄마의 역할도 컸겠다. 특히 독서 능력과 집중력이 탁월하고, 시간 관리 능력도 또래 학생의 평균 이상이며 학습 습관은 베스트다. 이런 학습 습관을 꾸준히 유지하면 분명 훌륭한 수학 선생님이 될 것이다. 하린이는 베푸는 학습자 유형으로 배운 것을 다른 친구들과 나누면서 학습할 때 더 좋은 결과를 낼 수 있다. 꿈도 수학 선생님이니까 친구에게 설명하듯이 학습하는 공부방법도 적합하다.

수학성취도 평가를 보면 아무래도 학교 선생님이 자기주도 학습법을 아이들에게 잘 가르치고, 잘 따르는 하린이도 매우 기특하다. 약간 아쉽다면 충분히 더 잘 받을 수 있는 점수를 받지 못했다. 아마 현재 현행 문제 풀이를 별도로 하지 않아 익숙하지 않은 유형이라서 그러지 않을까? 수학 복습은 필수적으로 개념을 활용한 문제 풀이를 해야 실력이 더 오를 수 있다.

숫자 자리 계산, 곱셈과 뺄셈, 각도 재는 문제 등 약간의 연산 실수는 있는데 연습량이 부족하기 때문이니 크게 우려하지 않아도 된다. 매일 하루 1시간 정도는 시간을 내어 문제를 풀면 좋겠다. 지금은 한 권이면 충분하고, 채점도 알아서 잘할 듯하다. 수학 선생님이 꿈이라는 하린이를 위해 매일 같은 시각에 1시간 정도 공부할 수 있게 엄마가 관리해주면 더 좋아질 것이다.

5 각도기를 이용하여 점 ㄱ을 각의 꼭짓점으로 하여 크기가 110° 인 각을 그려 보시오.

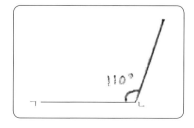

11 두 곱의 차를 구하시오.

$$702 \times 20 \qquad 194 \times 53$$

(3618)

Q04 앞으로 아이의 수학적 재능이 더 발휘되려면?

지금은 선행보다는 현행 문제를 푸는 데 집중해야 한다. 그래서 공부 방도, 4학년 과정을 학습하면서 사고력 수학과 창의력 수학 등 다양한 유형의 문제를 만날 수 있는 곳이 더 적합하다. 4학년이면 교육청 수학 영재에 도전할 수 있는 학년이라서 하린이가 원한다면 도전하고, 경시대회에도 나가보자. 학년이 올라가고 혼자 공부하다 보면, 어려운 문제도 만날 텐데 그때는 인터넷강의를 활용하고, 관련 문제집으로 다지자. 매일 일정한 양의 심화문제를 풀면서 수학 실력을 쌓는 게 좋다. 엄마와 함께 서점에서 마음에 드는 심화문제집을 사서 매일 몇 문제씩 풀고 이해되지 않는 건 학원 수학선생님한테 묻는 패턴도 괜찮다. 현행 문제에 익숙해질 때까지는 현행에 집중하고, 정 선행이 궁금하다면 예습 정도로 가볍게 개념만 훑자.

Q05 아이의 실력 향상을 위해 엄마는 어떻게 도와주는 게 좋을까?

하린이의 이런 실력은 엄마의 신뢰와 격려, 많은 칭찬이 밑바탕이 됐을 것이다. 하린이가 학년이 높아지고 어려운 문제를 만나면 슬럼프를 겪을 수 있는데, 그럴 때 엄마가 대화를 통해 고민을 해결해주자. 그리고 두각을 나타내는 부분을 잘 관찰하여 더 재능을 꽃피우게 해주는 게 중요하다. 수학 선생님이 꿈이라고 했지만 언제 어떻게 바뀔지 모르기에 아이를 꾸준히 관찰하고 지켜보는 것도 엄마의 역할이다. 선행에 대한 의욕이 과하면 쉽게 지칠 수 있으니 엄마가 진도를 잘 관리해주자. 지금은 자기주도학습 습관을 잡는 중요한 시기다. 수학적 재능이 많고 의욕도 넘치니 조금만 옆에서 다잡아주면 실력이 크게 오를 것이다.

핵심 조언!

하나! 책! 심화문제뿐만 아니라 수학과 관련된 수학 교양서적으로 흥미와 관심을 유지하자.

둘! 수학의 바다로! 다양한 수학 관련 활동과 다양한 문제로 실력을 더 높여보자.

셋! 수학을 설명하자! 아는 내용을 남에게 설명하면 그것이 곧 꿈으로 가는 길일 것이고, 실력도 오를 것이다.

5

핵심을 파악하면 기본·심화 모두 정복할 수 있다

공부 시간과 놀이 시간을 완벽하게 분리하여 자기주도학습을 하는 서연! 학교 성적은 최상위권이지만 엄마는 서연이의 진짜 실력이 궁금하다! 전문가들은 수학에서 가장 중요한 건 객관적인 실력 평가 후 부족한 부분을 채우는 것이라고 말한다. 과연 서연이에게 부족한 부분은 무엇이고 내 아이의 실력을 객관적으로 평가하는 방법은 무엇일까?

Q01 서연이의 정확한 수학 실력을 본다면?

10 3명의 도둑이 경찰에 붙잡혔습니다. 꼬마 탐정 폴리가 질문을 했을 때 세 명 중 한 명은 진실을 말했고, 두 명은 거짓말을 했다고 합니다. 세 명의 말을 잘 듣고, A가 거짓말을 한 사람인지 아닌지 알아보세요. (단, 범행을 하자고 한 사람은 1명입니다.)

- A : B가 하자고 해서 어쩔 수 없이 했어요.
- B : 제가 하자고 한 게 아니에요.
- C : 저도 아니에요.

A가 거짓말을 한 사람이감.

스스로 공부하는 습관을 잘 다졌지만, 심화문제를 읽고 해석하는 문제에 어려움을 느낀다. 이 문제를 어렵다고 했다. 콕 집어서 이야기한다면 A가 진실을 말했을 경우, B가 진실을 말했을 경우, C가 진실을 말했을 경우로 나누어 푸는 게 더 쉽다. 서연이가 푼 것처럼 '거짓말을 했는

가로 가정하면 거짓말은 두 명이나 했으므로 오히려 더 헷갈릴 수 있다. 글을 읽고 뜻을 파악하는 연습이 부족하다.

4학년 수준에 맞는 책을 매일 30분 이상 읽고 글과 친숙해지자. 태도가 좋으니 하루 30분~1시간 정도는 꼬박꼬박 심화문제를 접해보자. 끈기 있게 학습하는 모습도 좋고, 놀이와 공부를 잘 조절하지만, 이런 유형의 문제가 어렵고 이해 못한다는 선입견과 두려움이 있지 않나 생각된다. 학교평가는 기초가 좋아 칭찬을 받았겠지만, 더 심도 있는 공부를 원하므로 지금은 정확한 수준을 점검해봐야 할 시기다.

Q02 서연이의 공부 진단 검사를 본다면?

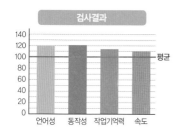
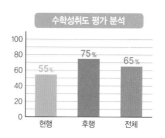

공부 진단검사 결과 (※민성원연구소 협조)

- -

인지능력 우수

언어성 120/140(우수) | 동작성 121/140(우수)

작업기억 114/140(평균 상) | 처리속도 111/140(평균 상)

※ 강점 – 추론

※ 약점 – 산수, 토막짜기

학습 동기가 높고, 심리적으로 매우 안정적이다. 계산력은 우수하나 문제해결 능력이 약하다. 조금 더 깊이 있게 생각하며 문제를 푸는 연습이 필요하다. 모르는 문제가 나올 때마다 선생님이 옆에서 설명하고 해결해주는 것도 중요하지만, 조금 긴 시간 고민하더라도 서연이 스스로 문제를 해결할 기회와 시간도 필요하다. 충분히 해결해낼 수 있다. 기본은 잘 다져져 있지만, 문제를 읽고 이해하고 사고할 능력이 더 필요한 서연이의 현재 실력은 중간 정도다.

Q03 틀린 문제를 짚으면서 서연이의 실력을 분석해본다면?

17 다음 원보다 반지름이 4배 큰 원을 그리려고 합니다. 컴퍼스를 몇 cm가 되도록 벌려야 합니까?

6cm

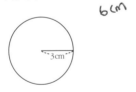
3cm

18 어느 해 3월의 달력입니다. ⋯⋯의 네 수의 합은 →의 네 수의 합보다 얼마나 더 큰지 구하시오.

26

3월

일	월	화	수	목	금	토
				1	2	3
4	5	6	7	8	9	10
11	12	13	14	15→	16	17
18	19	20	21	22→	23	24
25	26	27	28	29	30	31

19 규칙에 따라 $\frac{7}{12}$ ♡ $\frac{9}{12}$ 를 계산하시오. [단, ( ) 안을 먼저 계산합니다.]

가♡나 = (가 + 가 + 가) - (나 + 나)

현재 서연이는 상위권이고, 심화 학습을 정복하면 최상위권이 되겠다. 최상위권으로 가려는 서연이가 유의해야 할 점은, 문제의 추상적 기호나 규칙에 맞게 대입해서 푸는 문제가 틀린 것으로 보아 내용을 이해하고 문제를 해결하는 능력이 부족하다. 내용을 기호로 추상화하고, 추상적 기호를 자세하게 푸는 능력이다. 한글과 수학적 기호를 서로 바꾸어 푸는 호환 연습을 권한다. 예를 들어 '동영상을 20분 보기로 했는데 15분을 더 봤다'는 '20+15'로, '15분의 3'이라는 분수를 '필통 속 15자루 연필 가운데 심이 부러진 연필이 3개이다'로 바꿀 수 있다. 한글은 숫자식으로, 숫자는 한글식으로 바꿔 푸는 놀이를 하면 내용을 쉽게 이해하겠다.

난도가 높은 문제는 틀렸다. 반지름의 개념을 헷갈렸거나 컴퍼스 사용법을 모를 수 있다. 자신감을 가지고 꼼꼼하게 문제를 풀어야 한다. 문제를 어려워할 때는 한 단계씩 도움을 주고 옳은 답을 찾을 때마다 잘한다는 반응을 보여주자. 자신감을 잃어 시도를 못할 수도 있기 때문이다. 서연이는 칭찬하면 더 노력하는 아이로 보이므로 긍정적 효과도 있겠다.

Q04 서연이가 심화문제를 정복하는 방법이 있다면?

심화응용 문제를 하루에 5문항씩 집중해서 풀자. 심화학습에도 유형이 있다. 단답식서술형, 스팀융합형, 스토리텔링형, 구조도형식, 창의력 수학인데, 하루 한 문제씩 풀자. 개인지도를 받으니 유형별 문제집을 사서 개인지도 선생님한테 하루 한 문제씩 지도를 받으면 실력이 쑥쑥 오르겠다. 서연이는 차분하니 인터넷 강의가 적합하다. 심화응용 문제를 다룬 인강을 듣는데, 듣기 전에는 우선 관련 교재로 꼭 문제를 한 번 풀어보는 것을 추천한다.

친구와 함께 학습하는 것도 권한다. 모르는 부분을 서로 찾아보고 설명하면서 정답을 도출하는 과정에서 친구의 문제 풀이법을 배울 수 있고, 질문하고 답하면서 수학적으로 사고를 정리하고 표현하면서 심화 실력을 향상시킬 수 있다. 선생님과 공부할 때는 심화문제를 풀기 전 기본 개념을 서연이가 얼마나 설명할 수 있는지를 확인하는 과정이 필요하다. 또한 새롭게 배운 내용을 활용해서 수학에 대한 느낌을 자연스럽게 기록하는 수학 일기를 써보자.

Q05 엄마가 서연이의 공부에 대해 어느 정도까지는 관여해야 하지 않을까?

아이가 야무지다고 해도 초등 4학년이면 아직 어리다. 공부 방향 등 큰 그림은 엄마가 그려주는 식으로 하여 관심을 주고 관여해야 한다. 앞으로의 학습과 진로 방향에 대해 대화를 나누고, 어휘력과 독해능력을 위해 신경 쓰며 구체적인 학습량과 공부 계획을 함께 세우고 계속 확인하자. 서연이 실력을 엄마가 계속 궁금해할 텐데, 서연이가 심화문제를 곧잘 푼다면, 경시대회 유형 문제를 풀어도 되지만 지금은 심화문제를 채점하는 것으로 실력을 체크하면 된다.

학부모들끼리 정보를 공유하기보다는 개인지도 선생님에게 구체적인 요구를 하는 엄마가 되어야 한다. "특히 ○○를 어려워해요, ○○ 단원을 더 가르쳐주세요"와 같은 방식을 권한다.

핵심 조언!

하나! 핵심 또 핵심! 심화·응용문제 중 핵심 유형을 찾아 풀이해보자.

둘! 도전! 약간의 긴장감은 학습 의욕에 도움을 준다. 긴장감을 높이는 심화문제에 도전하자.

셋! DNA! 핵심 문제의 DNA 개념을 탄탄하게 다져보자.

넷! 차라리 게임을 해라! 직접 게임하면서 부딪혀보고 심화문제도 부딪히며 풀어보자.

혼합계산, 구체적인 공부법으로 문제를 풀자

초등
4학년

어려운 정치 서적을 척척 읽는 지호! 한번 책을 읽기 시작하면 밤새는 줄 모르는데 수학 공부만 하면 약해지는 집중력?! 유독 수학을 싫어해서 공부를 시작하기까지 오래 걸린다는데… 게다가 혼합계산만 나오면 괴로워한다. 수학에 대한 자신감을 높이고 혼합계산을 정복할 방법은?

Q01 책읽기를 좋아하고 꿈도 확실한 지호, 다른 친구의 공부 모습에 수학에 관심을 두는데?

수학을 확실히 거부하던 지호가 수학에 관심을 가지는 건 잘됐다. 지호는 지금 수학 학습 체계를 잡고 학습 방법을 알려줄 사람이 시급하다. 모르는 문제의 피드백이 전혀 안 되니 더 하기 싫겠다. 특히 혼합계산 문제는 모르는 문제가 20개씩 연달아 나오니 더 공부가 싫겠다. 피드백을 통해 '혼합계산도 완벽하게 풀 수 있다'라고 느끼는 경험을 해보자.

지호가 책은 진득하게 읽는데, 수학은 집중이 안 되고 공부하기도 싫어서 자꾸 피한다. 단순 계산에서 별표를 쳤다는 것은, 문제의 핵심 개념 자체를 모르는 것 같다. 혼합계산 원리 자체는 아는 듯하고, 쉽게 구조화된 문제가 아닌 것들은 적용하기 어려워한다.

지호는 근본적인 집중력보다는 수학의 집중력이 부족하다. 혼합연산에서는 곱셈과 나눗셈을 먼저 계산한다는 기본 원칙과 개념도 모르니 집중이 안 된다. 지호가 집중해서 문제를 풀 환경이 조성되어야 한다. 수학놀이 교구나 수학 동화로 개념을 익히고 흥미를 유도하는 것도 좋다.

Q02 수학공부할 때만 집중하지 못하는 이유와 개선방법을 알아본다면?

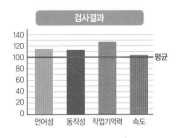

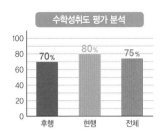

공부 진단검사 결과 (※민성원연구소 협조)

인지능력 119/140(평균)

언어성 112/140(평균) | 동작성 114/140(평균)

작업기억 125/140(우수) | 처리속도 103/140(평균)

※ 강점 – 숫자, 순차연결

※ 약점 – 기호쓰기

수학성취도 평가 후행 70% | 현행 80% | 전체 75%

책을 많이 읽는 것에 비해 상식과 이해력, 어휘가 높지 않고 시각적 집중력도 낮게 나왔다. 노력하려는 의지와 실질적인 학습 시간이 부족하다. 매일 꾸준한 학습으로 모르는 부분을 메워줘야 수학에 흥미를 붙이고 집중력도 높아진다. 수학 선행과 후행 점수를 보면 특히 혼합계산을 비롯한 연산 관련 문제를 놓쳤는데 차근차근 짚어서 보완해야 한다.

스스로 오답노트를 만들어서 공부한다는 것은 칭찬할 만하다. 틀린 이유를 적거나 틀린 답을 적지 않은 상태에서 스스로 문제를 푸는 등 여러 가지 방법을 추천한다.

Q03 혼합계산을 비롯한 연산 부분이 좀 약한데 어떻게 공부해야 다 잡을 수 있을까?

전체적으로 큰 수와 연산을 어려워한다. 혼합연산은 연달아 틀린 것으로 보아 이것을 확실히 익히면 자신감은 물론 집중력도 높아지겠다. 혼합계산의 개념은 알아도 잘 적용하지 못하고 있다. 이럴 때는 문제의 개념을 옆에 적어놓고 풀거나 계산순서를 번호로 매겨보는 게 좋다. 또는 괄호를 사용하거나 별표 등 자신만의 표시를 써서 푸는 순서를 정하는 게 좋다.

Q04 독서량이 상당한데 왜 어휘나 상식 부분이 상대적으로 낮게 나왔을까?

책을 많이 읽는다고 어휘력이나 상식이 반드시 좋아지는 건 아니다. 읽는 책의 양은 많지만, 내용을 확실하게 파악하지 못하거나 난도가 너무 높은 책을 읽었을 수도 있다. 어린아이일수록 다양한 장르의 책을 읽는 게 좋다. 특히 책을 좋아하는 지호는 수학 관련 책으로 어휘력과 수학 지식을 함께 쌓는 것을 권한다. 책을 다 읽으면 엄마와의 대화를 통해 제대로 이해했는지를 파악해도 좋고, 수학의 원리와 개념을 이야기로 잘 풀어낸 수학 동화나 학습서를 읽게 하여 어휘력과 수학에 대한 흥미를 동시에 잡는 것도 추천한다.

Q05 집중을 못하는 게 큰 문제인데, 학습 습관을 잡을 수 있는 방법이 있다면?

책은 집중해서 잘 읽는 것을 보니, 일단 수학 문제가 어려워서 집중을 못하는 것 같다. 어려운 부분을 해결해나가는 성공 경험을 계속하다 보면, 수학이 싫다는 마음도 없어지면서 자연스레 습관이 잡힐 것이다. 그때까지는 계획을 세워 지키면서 습관을 잡는 게 중요하다. 일단 매일 40분씩 수학을 공부하자. 중요한 것은 반드시 책 읽는 시간 전에 수학공부 시간을 배치하는 것이다. 예를 들어 학교를 다녀와서 4시 30분부터 5시 10분까지 수학공부를 했다면, 휴식 후 저녁 먹기 전까지는 책 읽는 시간으로 만들자. 게임 먼저 하면 공부하기 힘든 것처럼, 독서를 좋아하는 지호가 책을 읽다가 수학공부를 하려면 미루게 되는 건 당연하다.

Q06 책상 앞에 앉기까지 오래 걸리고 딴짓도 하는데, 매일 40분씩 집중해서 앉아 있을까?

공부 시작이 늦다면 엄마와 함께 공부를 시작하고, 탄력이 생길 때 엄마가 빠지면 된다. 그리고 지호의 흥밋거리를 책상에 두고 공부를 시작하고, 공부 목록을 체크하면서 책상에 앉는 습관을 잡자. 매일 하루 40분씩 공부한다면, 처음에는 쉬운 문제집 두 쪽 정도로 20분, 어려운 문제를 하루 두 문제로 15분, 오답노트 정리를 5분 정도로 시작하자.

시각적 집중력이 부족하니 처음 20분, 15분, 5분 사이에는 쉬어도 좋다. 이렇게 공부 습관을 잡으며 시간을 늘리자.

문제 하나를 칠판 전체를 활용해 풀면, 연산 기호 등이 크게 보여 순서 나누기도 쉽겠다. 쉬운 문제를 풀고 높은 점수를 받는 경험을 하자. 주말에는 연산력을 높이는 보드게임을 하자.

오답노트에는 문제가 막히거나 가장 어려운 부분을 무조건 적자. 그래야 부모나 선생님이 도움을 줄 수 있다. 엄마는 하루 2~3문항 정도, 상세하고 친근감 드는 쪽지 풀이를 적어주자.

Q07 지호가 수학 흥미를 찾으려면 엄마가 어떤 걸 도와줘야 할까?

지호의 꿈이 정치인이므로, 세상에 좋은 영향을 주려면 인문학적인 지식과 함께 산업과 과학, 수학과 같은 자연과학의 지식이 필요하다는 것을 알려주자. 특히 4차 산업혁명 시대에는 정치할 때도 수학이 중요하고, 수학을 잘하면 정치도 잘한다는 식의 동기부여도 좋다.

쉬운 문제집 한 권을 이른 시간에 다 풀게 하거나 '수학의 날'을 잡아서 종일 수학을 공부하면서 '나도 수학을 많이 할 수 있구나'라는 것을 알면 집중도 잘하고 흥미도 생기겠다. 즉 많은 경험이 최고의 동기부여다. 지호에게 수학에 대한 흥미를 줄 선생님을 찾는 것도 엄마의 역할이다. 선생님도 학원, 개인지도, 인터넷 강의 등 다양한 방법을 시도하면서 지호에게 맞고 좋아하는 것을 찾아줘야 한다. 지금은 기본서로 자신감을 찾아야 한다. 자칫 심화문제를 풀다가 수학이 어렵다고 생각해 공부 의욕이 떨어질 수 있으므로 잘 이해할 수 있게 이야기하자.

핵심 조언!

하나! 1 2 3 4 쓰기! 혼합계산 시 먼저 순서를 적고 문제를 풀어보자.

둘! 연필로 써라! 손으로 문제를 풀면서 수학적 사고력을 키워보자.

셋! 구체적인 방법 제시! 구체적인 공부법을 제시해 재미있게 공부하도록 도와주자.

7 나눗셈은 꾸준한 문제풀이와 반복학습, 시간과 양을 정해서 공부하자

조립이면 조립! 영어면 영어! 로봇 공학자를 꿈꾸는 주원! 그런데 나눗셈이 어렵다? 게다가 후행에 대한 학습까지 부족한 상황. 수학에 대한 흥미와 나눗셈 실력을 높이는 학습법이 있다면? 기초와 나눗셈이 부족한 초등 고학년을 위한 수학 학습법!

Q01 주원이가 도형 문제는 잘 푸는데 왜 나눗셈에서 머뭇거릴까?

나머지가 있는 나눗셈은 정말 기초 중의 기초로, 4학년 1학기에 모두 끝냈어야 했고, 지금은 세 자릿수 나누기 두 자릿수도 알고, 소수 학습이 이뤄져야 하는 때다. 주원이를 잘 보면 풀이 과정을 안 쓰는 게 정말 큰 문제다. 암기로만 문제를 푸니까, 나눗셈 개념은 알아도 어림이 안 된다. 그래서 이미 익힌 구구단으로 쉽게 풀 수 있는 나머지 없는 나눗셈을 좋아하고, 나머지 있는 나눗셈을 싫어한다. 일단 나눗셈의 개념은 알고 있고, 곱셈 구구도 아니까 일주일 정도만 집중해서 지도하면 금방 익힐 것이다. 하지만, 반드시 풀이 과정을 써 가면서 공부해야 하고, 특히 나눗셈은 검산 과정을 반드시 써가면서 확인하도록 지도해야 한다. 문제를 다루는 법을 알려준 다음, 구체적인 숫자 예를 들어서 아주 천천히 풀어주고, 스스로 계속 문제를 풀어보게 해서 습관만 잡히면 잘할 것이다.

하루 10분 학습은 초등 4학년의 학습 시간치고는 너무 적다. 자동차를 만드는 것이 창의력에 도움은 되지만 수학 실력 향상에 직접적인 도움을 주지는 못한다. 이제는 취미활동 시간을 줄이고, 무조건 하루 50분씩은 수학공부에 투자해야 한다. 나눗셈만 하더라도 기초를 다진 후 자릿수를 높여서 또 다지고 해야 하는데 하루 10분으로는 후행과 복습이 어림도 없다. 그리고 적지 않고 암산하는 습관과 공부하기 싫어하는 모습을 봤을 때, 연산 이외의 다른 부분도 혹시 약한 부분은 없는지 확실히 다지고 넘어가야 할 시점 같다. 또한 17÷7처럼 나머지가 나오는 나눗셈에 대해서 특히 어려워하는 것 같다.

Q02 5학년이 되기 전 약한 부분을 점검해야 할 텐데 검사 결과를 본다면?

주원이는 잡념이 많고 마음의 안정이 필요하다. 불안과 회피가 학습에서의 약점으로 작용하고 있다. 수학 4-1 후행을 보면 계산력과 이해력을 향상시켜야 하고, 개념부터 꼼꼼히 학습하는 것이 필요하다. 수학 4-2 현행을 보면 추론력과 계산력을 향상시켜야 한다.

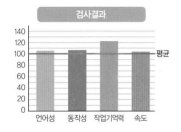

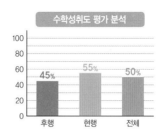

인지능력 111/140(평균)

언어성 102/140(평균) | 동작성 109/140(평균)

작업기억 120/140(우수) | 처리속도 103/140(평균)

※ 강점 – 숫자, 순차연결

※ 약점 – 기호쓰기, 이해

수학성취도 평가 후행 45% | 현행 55% | 전체 50%

Q03 나눗셈만이 아닌 전반적으로 다시 살펴야 하는데 자세히 알아
본다면?

4 〈보기〉와 같은 정삼각형 조각을 사용하
여 만들 수 있는 도형은 무엇입니까?

───〈보기〉───

① 직사각형 ② 정사각형 ③ 정오각형

④ 정육각형 ⑤ 정칠각형

16 다음 마름모의 둘레는 84cm입니다. 빈
칸에 들어갈 수를 구하시오.

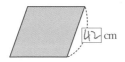

42 cm

5 도형 안에 있는 점 ㄱ에서 각 변에 수선
을 그으려고 합니다. 그을 수 있는 수선은
모두 몇 개입니까?

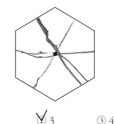

① 2   ✔③ 3   ③ 4

④ 5   ⑤ 6

도형과 관련된 문제는 대부분 틀렸는데, 도형의 둘레에 대한 개념 정립이 시급하고, 도형의 수선에 관련된 문제로 수선에 대한 개념도 익혀야 한다. 정삼각형의 특징, 사다리꼴의 정의와 관련된 문제처럼 전체적으로 도형의 개념과 특징, 수선, 각도 등에 대한 기초학습이 급하다. 주원이는 단순히 도형을 좋아하는 것일 뿐, 이런 부분이 바로 체계적인 학습이 안 되고 있다. 지금부터 학습습관을 잘 잡아야 한다. 나눗셈과 도형 외에도 큰 수 다루기가 약한데, 그 원인은 나눗셈처럼 암산에 있는 것 같다. 정확하게 풀기 위해서는 단위에 맞게 모든 숫자를 표기하고 수를 읽어야 한다. 전체적으로 3학년부터 차근차근 후행할 것을 권한다.

Q04 다른 건 다 잘하면서도 수학에만 집중을 못하는데, 꼭 맞는 학습법은?

수학에 흥미가 없다면 보통 생활 속 흥미로운 활동으로 관심을 끌고 실력을 키우라고 말하지만, 주원이의 경우에는 지금 문제 푸는 연습이 너무 부족하다. 꾸준한 문제 풀이와 반복 학습으로 다지는 게 답이다. 무엇이든 잘하려면 꾸준한 연습과 훈련이 필요하다. 쓰면서 풀 때는 옆에서 누군가 함께 습관을 잡아줘야지 혼자 하라고 하면 쉽게 습관을 잡기 힘들 것이다. 후행과 도형, 나눗셈 등 연산은 혼자서도 동영상으로 다질 수 있다. 엄마가 복습한 후 주원이를 가르쳐준다고 했는데, 설명을 꼼꼼하게 잘해줄 수 없다면 공부방 선생님을 구해주면 좋겠다.

로봇을 만들 때 지금 주원이가 배우는 이 모든 개념이 들어간다. 로봇을 디자인할 때 도형, 세분해서 만드는 데는 나눗셈 등 주원이의 꿈에 정말 너무나 중요한 것이 수학이라는 것을 알고 열심히 하기 바란다.

엄마도 주원이가 좋아하는 레고 조립에 얼마나 많은 수학이 필요한지, 로봇공학자가 되려면 수학이 필수라는 것을 확실히 이해하게 하자. 3학년 1학기부터는 반드시 후행이 필요한데, 후행은 방학을 이용해 무조건 교과서로 매일 50분 정도 공부하도록 하자. 교과서 읽기 5분, 교과서에 나온 놀이나 개념과 그림을 실제로 따라 하거나 만들어보기 20분, 수학 익힘 또는 문제집 풀기 2쪽씩 10분, 학년별 수학 원리 만화나 애니메이션 시청을 한 편 또는 책 반 권 정도로 시간 계획을 세우자.

Q05 주원이의 자기주도학습법과 함께 엄마의 지도법은 무엇인가?

초등학교 때 매우 잘함과 잘함의 차이는 꽤 크다. 연습이 필요하다. 주원이는 계획표를 꼼꼼하게 잘 적었는데, 구체적인 학습범위도 적어두면 좋겠다. 지금 계획표는 단순 나열에 그칠 뿐, 구체적이지 않아서 제대로 학습이 이뤄지지 않는다. 스스로 하는 습관이 든 것도 아닌데 계획표도 허술하면 아이가 잘할 수 없다. 현행에서 제일 좋은 학습법은 시간과 양을 구체적으로 함께 정해주는 것이다. 이를 지키면 무궁무진한 칭찬을 해주고, 지키지 못했을 때는 조금 단호해질 필요가 있다. 이건 엄마와 주원이의 평화로운 관계가 깨진다기보다는 정말 주원이에게 필요한 보살핌이 된다.

주원이가 수학 실력을 쌓는 습관을 들이는 데는 바로 지금이 적기이다. 엄마도 주원이의 나눗셈 실력을 보고 많이 놀랐을 텐데 이 기회에 하나하나 다시 쌓아 올린다면 주원이는 금방 발전할 것이다.

핵심 조언!

하나! 연습장 두 쪽! 매일 연습장 두 쪽에 풀이 과정을 쓰는 것을 추천한다.

둘! 국, 영, 수! 취미활동은 잠시 접고 기본이 되는 국, 영, 수를 공부할 때다.

셋! 로봇 언어 배우기! 수학을 통해 로봇공학자의 꿈을 차근차근 키워가자.

넷! 리모컨! 수학과 관련된 영상을 꾸준히 보고 공부하는 것을 추천한다.

계획표의 큰 틀은 엄마가, 세부적인 내용은 아이가 세우자

초등
4학년

집에서 공부할 것을 엄마와 함께 꼼꼼한 계획표로 만들어 실천하는 지아. 계획표의 큰 틀을 세운 다음 세부적인 내용은 지아가 알아서 직접 써 넣는다. 학원을 다니는 것을 싫어한다고 생각하는 엄마는 지아가 학교 수업을 마치고 집에 돌아오면 스스로 공부하도록 분위기를 만들어주고, 질문을 하면 적극적으로 함께 문제를 풀어주고 답을 찾을 수 있도록 돕는다. 하지만 지아의 솔직한 마음은 다른 친구들처럼 학원에서 경쟁하면서 문제를 풀어보길 원한다.

Q01 수학에서 초등 4학년은 정말 중요한 시기인데 왜 연산 실수가 반복될까?

지아는 연산 실수가 잦다. 연산기호를 정확하게 보지 않는다거나 자릿수를 헷갈린 듯한 연산이 많이 보인다. 문제집을 자세히 보면 낙서한 흔적이 있고, 오래 앉아 있지만 페이지 넘어가는 게 더디다. 주의력과 집중력이 부족하고 공부의 질적인 문제도 있는 듯하다. 실수처럼 보이는 부분들은 사실 계산 방법을 정확하게 숙지하지 못한 건 아닌지, 계산 방법을 제대로 아는지 확인이 필요하다.

Q02 지아가 틀렸던 문제를 또 틀리면 엄마는 답답해지고 목소리도 점점 커지는데?

엄마 목소리가 커지면 일단 아이는 위축된다. 엄마가 아이에게 관심과 정성이 많고 소통과 지도를 잘하는 것 같다. 하지만 실수가 많다고 아이에게 여러 번 강조하니 결국 지아는 '울고 싶다'고 말했다. 이게 반복되면 아이는 주눅 들고 결국 '나는 실수가 많은 아이야'라고 생각할 수 있다. 지아는 '나는 잘해야 한다'는 학습 동기가 충분하고 경쟁심도 강하다. 이런 경우 실수를 지적하기보다 칭찬을 하는 것이 좋다.

지아는 엄마와의 학습이 좋으면서도 약간은 부담스러워하는 마음도 없지 않다. 사실 아이를 자주 지도하다보니 답답함을 느끼는데, 인터뷰에서 밝힌 엄마 지도에는 큰 문제가 없다고 판단된다. 하지만 앞으로는 꾸중과 함께 격려도 해주는 것이 좋겠다.

Q03 지아는 특히 연산에서 사소한 실수가 많았는데 진단평가를 분석해보면?

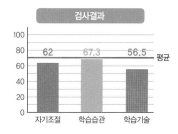 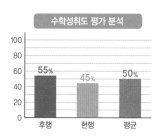

공부 진단검사 결과 (※창의적열정연구소 협조)

자기조절 62% ┃ 학습습관 67.3% ┃ 학습기술 56.5%

※ 강점 – 신체운동 지능, 대인관계 지능, 언어지능

수학성취도 평가 후행 55% ┃ 현행 45% ┃ 평균 50%

지아는 자기조절영역에서 다소 낮게 나왔다. 자율적인 성향이 강한 지아가 수동적 학습을 하는 게 정서적으로 불안하다. 엄마가 지아를 가르치면서 아이에게 부정적인 정서를 갖게 한 건 아닌지 조심스레 생각해본다. 지아가 울고 싶다고 말한 것도 같은 의미다. 정서적 불안은 글이나 숫자의 인지 능력을 약화시켜 실전 문제풀이 능력을 떨어뜨릴 수 있다.

지아에게 반밖에 지키지 못하는 계획표는 늘 부담스럽고, 시간에 끌려 다니는 형상이다. 학습기술 점수가 낮은 걸 보면 엄마와의 학습이 수동적이며 비효율적이라고 해석된다. 이 상태로는 학년이 올라가도 성취도는 더 낮아질 뿐이다. 수준에 맞는 계획을 세워 아이가 수용할 만한 학습량을 줘야 한다. 지아는 학습 환경에 변화만 준다면 충분히 잘할 것이다.

지아의 성취도 평가를 보면 후행과 현행 모두 점수가 낮다. 시간표를 보면 하루에 학습지를 두 가지나 풀고 세 시간씩 공부하는데 학습량 대비 점수가 낮다. 엄마 또한 많은 시간을 투자해 열심히 가르쳐주지만 지아의 입장에서는 전혀 공부가 되지 않는 것이다. 지아가 공부하는 게 아니라 어머니가 공부한다는 이야기다. 엄마는 설명에만 충실할 뿐 지아가 어떻게 받아들이고 이해하는지에 대한 배려는 없어 보인다. 이때까지의 학습방법에 문제가 있다고 볼 수 있다. 공부 분량은 줄이고, 효과적인 학습이 되도록 조정해줘야 한다.

Q04 틀린 문제를 전반적으로 살펴봐야 할 것 같은데 정말 연산이 큰 문제일까?

8 두 수의 곱을 빈 칸에 써 넣으시오.

9 선물 상자를 한 개 포장하는 데 리본이 83 cm 필요합니다. 선물 상자 45개를 포장하려면, 리본이 몇 cm 필요합니까?

식 : $\dfrac{83(cm) \times 45 =}{83 \times 45} =$ 답 : $\dfrac{= 33\,615}{3735cm}$

10 다음 곱셈을 하시오.

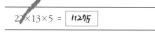

$22 \times 13 \times 5 = \boxed{11295}$

11 □안에 알맞은 수를 써 넣으시오.

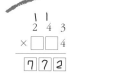

지아는 특히 두 자리 수끼리의 곱셈하는 방법을 모르는 것 같다. 4학년이 되기 전 원의 지름, 반지름 문제 등 원과 관련된 부분은 꼭 익혀야 하는데 3학년 때는 원의 지름과 반지름에 대한 개념을 익히자. 가정에서 쉽게 접하는 구체(장난감, 접시 등)의 지름과 반지름의 길이를 재어보고, 컴퍼스로 원을 그리면서 반지름의 개념을 익히면 좋겠다.

또한 지아는 동영상 강의로 복습하면서 연산능력을 키우면 좋다. 기억에 의존해 익숙지 않은 연산을 연습하다 보니 실수가 잦다. 따라서 개념을 짧게라도 복습하면 도움이 된다. 즉 어느 정도 예열(개념 문제 확인, 동영상 시청) 후에 문제를 풀어보자. 하루 3~4회 5분 정도를 단순 계산만 반복하고, 소수점을 계산할 때는 자릿수를 맞추는 것도 알아야 한다.

Q05 학습 환경에 변화가 필요하다면 꼭 학원을 보내보는 게 맞지 않을까?

엄마와 지아의 생각이 서로 다른 게 느껴졌고, 지아의 속마음은 엄마와는 정반대였다. 신체운동과 대인관계가 강점인 지아는 가만히 앉아서 하는 학습이 어려울 수밖에 없다. 지아는 오히려 친구들과 어울리고, 장소를 이동하면서 공부하는 게 더 잘 맞는 유형이다. 학습 성격 유형도 베푸는 사람으로 타인에 대한 관심이 늘 충만하다. 이런 경우 주변에서 자신을 어떻게 인정해주느냐에 따라 학습 동기를 더 강하게 받으므로 학원에 보내는 게 맞다.

Q06 집에서의 학습도 중요한데 지아와 엄마는 저마다 어떻게 해야 할까?

지아는 수학 동화나 잡지 등을 활용해 수학에 흥미가 생기면 수학을 좀 더 쉽게 대할 것이다. 또한 단순연산에 집중하기보다는 다양한 유형별로 문제를 풀어보길 바란다. 엄마는 지아가 학원에 간다면 학원에서 배우는 것을 잘 따라가는지 늘 체크해줘야 한다. 또한 집에서 지아가 물어볼 때는 지금처럼 잘 가르쳐주면 된다. 단 지아가 위축되지 않도록 하고 생각할 시간을 충분히 줘야 하겠다.

연산이 부족하면 꾸준히 복습해야 한다. 문제를 읽으면서 기호나 숫자에 표시하는 행동은 작은 실수를 예방하는 데 도움이 되므로 색깔펜을 활용하도록 한다. 직접 예시 문제도 만들어서 풀자. 엄마는 지아가 무엇을 원하는지 귀 기울이고, 충분히 공감하고 수용한다면 집에서의 학습능률도 오를 것이다.

핵심 조언!

하나! 인정! 아이가 칭찬과 격려, 인정을 받는다면 조금 더 즐겁게 공부해나갈 것이다.

둘! 여유! 좀 더 여유를 가지고, 몰아붙이지 말고 계획도 수정하면서 천천히 공부해보자.

셋! 수학은 즐겁게! 즐거워야 머리도 잘 돌아간다. 엄마가 아이와 즐거운 시간을 많이 갖자.

넷! 실수 금지! 한번 틀렸던 문제는 다시 틀리지 않도록 부족한 부분은 열심히 공부하자.

03 초등 5·6학년,
평생 수학 실력이 결정되는 시기

1 독서와 복습을 생활화하자

초등
5학년

밝고 활기찬 성격의 지유. 최근 몸이 안 좋아 학원을 그만두고 학교 수업을 제외한 대부분의 시간을 집에서 보낸다. 그런데 지유는 집에 있을 땐 좋지 않은 자세로 장시간 스마트폰을 본다. 게다가 지유의 수학 공부 시간은 하루 딱 10분? 아주 적은 양의 수학 공부에 이미 익숙해져 버린 지유는 '하루에 1시간 반 이상 휴대폰을 해요'라고 말한다.

Q01 하루 10분 이외에 다른 문제는 더 풀고 싶지 않는다는데?

지유는 집중력이 좋아 보이는데 공부를 더 안 하려는 지금의 상황이 안타깝다. 공부하는 아이를 마주하며 스마트폰을 보는 엄마의 태도 또한 큰 문제다. 초등교육 과정은 전 국민 의무교육으로 누구는 하고 누구는 안 해도 되는 게 아니다. 삶의 기본을 가르치는 과정이고, 소양을 갖추고 미래를 대비할 수 있게 하는 필수 교육과정이기 때문에 꼭 익히고 복습하고 다져야 한다. 이런 부분을 엄마가 먼저 확실히 알고 지유에게 학습의 중요성을 알려주는 게 필요하다. 현재 지유는 공부나 스마트폰에 대한 심각성이 전혀 없고, 엄마도 아이를 바로잡기는커녕 휴대폰을 보면서 자꾸 장난스럽게 말을 걸다 보니 지유의 공부 자세도 장난스러울 수밖에 없다. 일단 아이가 공부에 집중하고 습관이 되도록 엄마부터 변화하고 환경을 바꿀 필요성이 있다. 요즘 초등학교 저학년도 하루에 단 10분을 공부하는 학생이 없으니 이는 심각한 문제다.

특히 휴대폰을 1시간 반 이상 본다는 것은 정말 너무 심하다. 또 혼자 있는 시간이 많아서인지 통제도 안 된다. 휴대폰 중독의 가능성도 꽤 높다. 1시간 반이 2시간 되고, 점점 늘어나므로 바로잡을 필요가 있다.

Q02 연산 실력이나 평가지의 성적은 좋은데 기초는 있지 않나?

대체로 잘 풀었지만, 말 그대로 정말 기초문제였으며 실수로 두 문제를 놓쳤다. 이것만으로는 완벽하게 기초 실력이 있다고 말할 수 없고, 정확한 실력을 점검해봐야 한다. 지유는 평소에는 연산만 공부한다고 했는데, 연산은 수학의 일부일 뿐이다. 초등 고학년인 지금은 학습량을 늘려 다양한 유형을 접해야 하는 아주 중요한 시기인데, 학습 시간이 절대적으로 부족하다. 초등학교 5학년이라면 그날 학교에서 배운 것을 수학책과 수학익힘책으로 복습하고 다양한 유형으로 구성된 문제집을 풀면서 최소 30분 이상은 공부해야 한다. 학습량과 함께 스스로 하는 학습습관이 잡히지 않은 것도 개선이 시급하다. 이게 향후 중·고등학교에 진학한 뒤에는 큰 차이가 될 수 있다. 초등 수학은 마음만 먹는다면 의외로 쉽게 잘할 수도 있겠다.

Q03 지금 지유의 정확한 실력 파악이 중요한데 결과를 본다면?

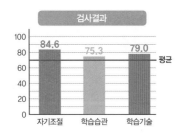
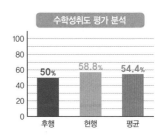

공부 진단검사 결과 (※창의적열정연구소 협조)

수학 학습습관 검사 결과

자기조절 84.6%(높음) ∣ 학습습관 75.3%(높은 보통)

학습기술 79.0%(높은 보통)

※ 강점 – 자기이해지능, 대인관계지능, 공간지능

※ 학습 성격유형 – 이타적인 학습자

수학성취도 평가 후행 50% ∣ 현행 58.8% ∣ 평균 54.4%

6 아래 그림은 같은 정삼각형 3개를 이어서 만든 사각형입니다. 이 사각형의 둘레가 35cm라면, 정삼각형의 한 변의 길이는 몇 cm입니까?

둘레 구하는거 까먹었어요
(죄송합쥐)
풀이   정말 죄송합쥐
       실례했습쥐
            죄송합쥐

9 계산에서 틀린 부분을 찾아 바르게 고치시오.

$38+16-24\div6$
$=54-24\div6$
$=30\div6$
$=5$

$\Rightarrow$

$38+16-24\div6$
$=24\div6$
$=38+16$
$=54-4$
$=50$

10 ★의 규칙을 찾아 주어진 식의 □ 안에 알맞은 수를 구하시오.

$2★3=8,$	$3★4=15,$	$4★5=24$

$$6★□=48$$

(죄송합쥐   )
모르겠어요
전 공부를 못하나
봐요 죄송함쥐
규칙을 모르겠어요
자꾸 별바탱이
생각나요 흑흑
죄송합쥐

어떤 것은 잘하고, 어떤 것은 어이없이 실수한 모습을 보인다. 연습량 부족에 의한 부분이 다양하게 나타나는데 유형별 문제를 많이 접하지 않았다는 증거다. 하지만 조금만 연습해도 매우 좋아질 학생이다. 학교에서 돌아오면 나름의 시간 활용 계획을 세우는 것으로 습관을 잡아야 한다. 그 후 수학 공부는 30분~1시간씩 꼭 하자. 그리고 공부는 되도록 자신의 책상에서 하도록 유도해야 더 집중력을 발휘할 것이다. 문제를 푼 것을 보면 기초가 다소 부족한 것도 있지만, 모르는 문제에는 장난스러운 답변을 했다. 수학 공부에 진지하게 임하고 있지 않다는 뜻이다. 진지하지 못한 행동이 습관되면 시험에서도 마찬가지고, 제대로 된 지식을 습득하지 못한다. 공부할 때는 어느 정도의 긴장 상태가 필요한 것이다.

지유는 정서적으로 매우 안정되어 있어 좋은 학습습관을 남보다 쉽게 받아들일 수 있다. 하지만 학습습관은 현재 보통이다. 기본 실력은 되는데 공부에 도전하지 않는다. 학습동기를 심어주고 공부의 중요성을 자주 이야기해주자. 수학이나 언어 영역에 대한 자신감이나 관심도가 떨어지는 편이고, 정서가 너무 안정된 상태라 현재에 대한 만족감이 크다. 뭔가에 도전하거나 생활에 변화를 주는 것을 싫어한다는 의미다. 특히 수학이 그런 상황인데 공부 시간과 분량을 늘리고, 연산 문제 풀이에서 학교 교과과정에 맞는 학습으로 바꾼 후 예습복습은 철저히, 스스로 학습하는 시간을 갖고, 적절한 독서가 함께 수행된다면 좋은 성과를 얻을 것이다.

Q04 공부 분량과 시간을 늘려줘야 한다면, 진득하게 수학 공부할 학습법은?

2 0부터 9까지의 숫자를 한 번씩 사용하여 열자리 수를 만들었을 때, 9876543102보다 큰 수는 모두 몇 개입니까?

(3개)

일단 바른 자세로 공부하기. 요즘은 자세 편하고 허리에 무리가 안 가는 의자도 나온다. 이런 것들로 최소 1시간은 집중하도록 도와줬으면 한다. 그리고 공부는 무조건 학습용 책상과 의자에서 해야 한다. 자녀의 건강만큼 중요한 것은 없지만, 범주를 크게 벗어나지 않는 한 학습 습관을 잡아주자. 학습량이 적은 게 고민이라면, 연산 문제집을 수학 교과서와 익힘책과 함께 꾸준히 풀고 다른 유형의 문제집을 한 권 정도 더 풀도록 학습 패턴에 변화를 주자.

수학 평가에서 대부분 틀리는 문제를 지유는 정확하게 맞힌 걸 보니 칭찬해주고 싶다. 인강을 통해 매일의 학습 시간도 확보하자. 이 학습습관이 잡히도록 엄마가 돕고 정답을 피드백하자. 지유는 내적 동기 강화가 필요하다. 이렇게 시간을 분배하고 활용하면 동기 부여가 되겠다.

Q05 앞으로 엄마의 역할도 중요할 것 같은데 어떻게 하면 좋을까?

지유의 자세 때문에 학원까지 안 보낸다면서, 스마트폰을 그런 자세로 오랜 시간 하는 걸 보면서도 바로잡지 않는 것에 놀랐다. 규칙을 정해 일정한 시간만 시청하도록 지도하는 것은 기본, 그보다 양질의 콘텐트를 볼 수 있도록 유도하는 것이 더 중요하다. 또 아이가 공부하는 장소에서는 스마트폰 보는 것을 자제하고, 아이에게 스마트폰을 대신할 다른 여가활동을 찾아주는 것도 추천한다. 여가시간에는 독서로 어휘력과 사고력을 기르도록 지도해 보자. 수학을 잘하면 논리적이고 사고력도 향상되어 직업 선택의 폭이 넓어지고 돈도 많이 벌 수 있다. 또 수학은 끈기, 인내심은 물론 집중력에도 좋다는 것을 엄마와 지유가 알면 좋겠다.

초등 고학년이면 학교에서 배운 내용을 복습하고 매일 꾸준히 학습해야 한다는 것을 엄마가 먼저 인지하고 지유를 이끈다면 금방 좋은 결과가 나타날 것이다. 또한 아이가 공부할 때 엄마가 말을 시키거나 스마트폰을 보는 건 좋은 환경이 아니다.

핵심 조언!

하나! 씨앗! 꽃이 필요할 때 씨앗을 심으면 안 된다. 지금부터 차근차근 준비하면 예쁜 꽃이 피겠다.

둘! 왜~? 왜 수학공부를 해야 할까? 이에 대한 좋은 학습 동기를 찾으면 좋겠다.

셋! 창의와 열정 사이! 충분히 창의적인 아이이므로 열정만 갖추면 최고가 되겠다.

넷! 개인방송! 개인방송의 인기비결은 늘 다양한 걸 시도하는 데 있다. 지유도 다양하게 도전하자.

2 | 초등 고학년, 선행은 어디까지?

초등
5학년

"할 게 너무 많아요. 지금 바빠요"라면서 온종일 바쁘게 돌아다니는 민지. 학교 수업을 마치고 집에 돌아온 다음, 쉬기는커녕 한숨 돌릴 겨를도 없이 곧바로 학원 가방을 들고 쏜살같이 나간다. 코딩, 수학, 영어, 논술, 중국어, 수영, 미술, 피아노 레슨까지 다양한 활동을 하는 가운데, 수학은 중학교 과정까지 선행을 이어간다. 학원 수업을 마치고 집에 돌아온 민지는 하루에 할 일을 간단하게 정리하면서 공부 계획을 세우고 실천한다. 하지만 이내 집중력이 흐트러진다. 학원 활동에 힘을 다 쏟아서일 수도 있고, 민지에게 수학 선행도 꼭 필요할까?

Q01 초등 5학년 민지가 선행에 지쳤는데 어떻게 해야 할까?

민지가 자기만의 여가생활을 즐기는 것 같아서 보기 좋다. 다만 얇은 동화책, 소설책으로 옮겨가며 좀 더 깊게 글을 읽는 것에 흥미를 느끼게 하는 게 좋겠다. 뭐든지 열심히 하고 좋아하는 민지의 모습이 참 예쁘다. 초등 시기의 다양한 활동은 아이의 큰 성장을 돕는다. 다양한 경험은 좋지만 해야 할 양이 너무 많다. 단 하나라도 덜 재미있다고 생각되는 게 있으면 과감하게 줄여도 될 듯하다.

선행이란 일반적으로 현행이 완벽하면서 그중에 선행에 흥미를 보이는 아이들만 개념 정도 미리 앞서나가는 걸 권한다. 현행 실력이 충분하지 않은 민지의 경우 어렵고 이해도 안 되는 선행을 계속 시키면 흥미가 떨어지는 건 당연하다. 먼저 현행을 완벽하게 채운 뒤 현행 심화를 통해 생각하는 힘을 기르며 성취감도 느끼게 하자. 수학은 하나라도 정확하게 아는 것이 중요하고 재미가 있어야 발전이 있다. 남들을 따라 한다면 오히려 흥미를 잃을 수 있다.

Q02 민지 스스로도 산만하고 집중이 잘 안 된다며 걱정하는데?

민지는 충분히 집중을 잘할 수 있는 아이다. 다만 학원에서 너무 어려운 걸 배우고, 집에서는 학습량이 많거나 너무 쉬워 집중력이 흐트러질 수 있다. 공부의 양을 줄이고 남는 시간에 다양한 종류의 책을 읽는 것도 나쁘지 않다. 계획적으로 움직이면서 습관도 좋고 여가도 잘 보내므로 집에서 수학을 공부하기 전에 모든 준비를 마치자. 공부 도중에 다른 생각이 들면 다시 집중하기 위해 노력하는 등 내 생각의 흐름에 민감할 필요가 있다.

Q03 선행이 과하면 흥미가 떨어질 듯한데 현재 수준을 본다면?

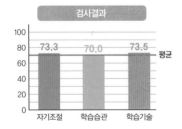
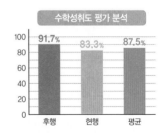

공부 진단검사 결과 (※창의적열정연구소 협조)

수학 학습습관 검사

자기조절 73.3%(높은 보통) | 학습습관 70.0%(높은 보통)

학습기술 73.5%(높은 보통)

※ 강점 – 신체운동지능, 대인관계지능, 자기이해지능

수학성취도 평가 후행 91.7% | 현행 83.3% | 평균 87.5%

민지는 실력이 있는데 개념도 잘 다져왔다. 문제집을 풀면서 잘 집중하지 못하는 모습을 보였다. 민지의 경우 학교 수업, 학원 수업 등으로 하루 8~9시간 정도를 집중해야 한다. 이후 집에 와서 또 공부를 해야 하니 집중력이 꾸준히 발휘되기 힘들다. 학습 수준이 올라갈수록 선택과 집중을 해야 한다. 이제는 꼭 해야 하는 프로그램만 선별하고 나머지는 조금 줄이자. 체력적인 소모를 줄이면 집에서 학습에 더 집중할 수 있다.

4 □안에 들어갈 수 있는 수 중 가장 작은 수를 구하시오.

$$19 \times □ > 427$$

(22)

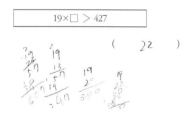

8 다음은 진이, 서윤, 경빈이 세 사람이 어떤 다섯 자리 수를 각각 버림, 올림, 반올림 중 서로 다른 한 가지 방법으로 어림수를 구한 것이다. 어떤 다섯 자리 수가 가장 클 때와 작을 때의 차를 구하여라.

	천의 자리까지 나타낸 어림수	백의 자리까지 나타낸 어림수
진이	13000	13100
서윤	14000	13200
경빈	13000	13200

(10900)

$19 \times 22 = 418$, $19 \times 23 = 437$

이런 문제를 쉽게 해결할 수 있어야 한다. 6학년 선행 심화 문제 중 2 개가 정답, 4개가 오답이었다. 선행의 효과가 아주 크지는 않다. 민지가 좋아한다면 기본개념 다지는 정도의 예습만 권하도록 한다. 기본은 탄탄하니 현행에서 심화된 문제로 사고력을 높여보자.

Q04 민지의 성향을 보고 즐겁게 수학을 공부할 방법을 찾는다면?

정서나 자율성은 높지만 학습 동기가 보통인 걸 보면 많은 일정이 무리가 있어 보인다. 목표 의식이 아주 뚜렷하지는 않은데 본인이 특별히 남보다 나은 게 없는 것 같고 장점보다는 단점이 더 많다고 생각해서 과하게 배운다고 생각한다. 민지는 호기심이 많고 활동적이며 자신의 활동을 통해 다른 사람들에게 인정받기를 좋아하는 것 같다. 그런데 차라리 학원 가는 게 낫다는 말에는 엄마를 무서워하는 것과 잘 보이려는 게 있다. 공부와 모든 활동이 엄마를 위해서일 수도 있다. 지금 민지 자신에게 그런 활동이 어떤 의미가 있는지 점검해볼 필요가 있다.

Q05 선행을 하는 이유가 남들보다 부족하다는 생각에 자신감을 잃어서일까?

지금 힘들다고 느끼지만 '나는 선행학습까지 하고 있어!' 하며 타인에게 인정받고 있기에 그냥 다니는 것 같다. 지금은 자신감을 잃고 수학을 잘하지 못한다는 마음의 경계선에 있어 보인다. 무리한 선행은 역효과가 날 수 있다. 엄마도 지금 민지의 상황을 알았으니 선행은 안 하는 게 낫다. 또 민지는 엄마와 함께 공부하지 않는 게 맞는 것 같다. 자신감이 부족한데, 공부할 때 엄마의 칭찬보다는 꾸중이 더 많았을 듯하다. 민지는 현재 잘 공부하고 있고 앞으로도 잘할 수 있는 노력형 학생이다. 자신감을 회복하도록 엄마가 칭찬해주자.

Q06 민지가 즐겁게 공부할 수 있는 방법을 알려준다면 무엇일까?

민지는 선행은 그만해야 하지만, 학원이 안 맞는 아이는 아닌 것 같다. 학원에 현행 심화 수업을 부탁하거나 하여 현행 공부를 잡고 심화학습을 할 다른 학원이나 선생님을 찾아보자. 지금은 자신감이 사라진 듯하니 만약 민지가 먼저 선행하고 싶다고 말을 해도 6학년 한 학기 정도만 앞서가자. 친구들과 어울리면서 자기 공부를 하니 또래를 활용하고, 경쟁자들과 스터디도 해보자. 또 상황에 따라 집중력이 달라지므로 알맞은 목표치 수준과 분량을 정해 놓자.

Q07 검사 결과를 보고 엄마가 민지에게 어떤 것을 해줘야 할까?

자존감이 낮아진 민지에게는 칭찬이 가장 좋은데 현재 칭찬이 부족한 듯 보인다. 아이마다 다르겠지만 민지는 칭찬의 기준이 엄격하고 '이 정도면 잘한 거야'라고 해도 으레 하는 말로 받아들일 수 있다. 따라서 엄마는 민지가 결과보다는 과정의 즐거움을 느끼도록 옆에서 격려하고 칭찬해주자. 민지가 좋아하는 공부법을 함께 찾고, 아이의 할 일을 줄여주는 데 적극적으로 관여하면서 아이의 소질을 관찰, 파악하고 잘하는 부분을 지지하고 지원해줘야겠다.

핵심 조언!

하나! 셀프! 무리한 학원 수업이 수학 공부를 방해한다. 원한다면 스스로 재미있게 공부하자.

둘! 너는 특별하단다! 굳이 인정받으려 하지 않아도 되고, 지금도 충분히 잘하니 열심히 하자.

셋! 가지치기! 나무도 가지를 쳐줘야 더욱 크게 성장하듯 선택과 집중으로 더 큰 나무가 되자.

넷! 망원경! 지나온 과정을 찬찬히 살펴 힘든 마음을 치유하고 현재의 행복도 찾자.

다섯! 현미경! 어머니가 현미경처럼 아이의 마음을 구석구석 들여다보자.

3 똑똑한 아이, 선행은 언제부터?

초등
5학년

학교 성적은 최상위권! 과학자를 꿈꾸는 성민! 하루에 2~3권의
책을 읽을 정도로 독서습관이 우수하고 수학 공부도 즐겁다고
말한다. 복습은 물론 스스로 후행 학습까지 할 정도로 똑똑한
아이인데, 성민이네 수학 고민은 과연 무엇일까? 바로 학부모의
대표고민 선행이라는데…. 전문가들은 성급하게 선행을 시키기
보다 단계적으로 접근하라고 말한다. 전문가들이 말하는 상위권
학생을 위한 선행학습법!

Q01 성민이의 현재 실력과 공부 방법에 문제는 없을까?

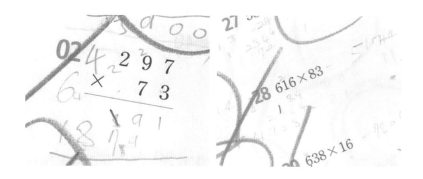

그렇다. 성민이는 실력이 탄탄하고, 엄마의 교육관이나 지도법이 아이와 잘 맞는 것 같아 선행을 공부해도 문제가 없겠다. 하지만 딱 하나, 연산을 보면 실수가 보이는데 이를 분명하게 잡아야 한다. 쉬운데도 풀이 과정을 안 쓰는 것이 문제이므로 틀린 것은 연습장에 따로 적어서 천천히 정확하게 풀어보는 습관을 들여야 한다. 일상 속에서 수를 이용한 암산을 자주 할 것을 권한다. 수업을 마치고 집에 돌아올 때 19단 외우기, 20단 외우기, 운동하고 나서 27단 외우기 등 20단 이상 곱셈을 암산으로 해보는 연습을 해보자. 성민이가 곱셈을 모르는 건 아니다. 다만 하기 싫어서 꼼꼼하지 않아 실수가 나왔다. 기호와 계산 분리선도 꼼꼼히 긋는 게 필요하다. 연산은 숙달만 되면 저절로 빨라지므로, 절대 생략하지 말고 정확한 식을 꼼꼼히 세우며 풀어야 한다. 그래야 중고등학교에 올라갔을 때 복잡한 식에도 실수가 없다.

Q02 정확한 공부 진단검사를 분석해 본다면?

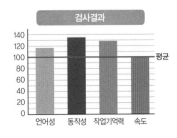 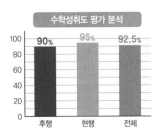

공부 진단검사 결과 (※민성원연구소 협조)

인지능력 128/140(우수/상위 3.2)

언어성 117/140(평균 상/상위 13.3)

동작성 133/140(매우 우수/상위 1.4)

작업기억 128/140(우수/상위 2.9)

처리속도 100/140(평균/상위 50.1)

※ 강점 – 상식, 숫자, 행렬추리

※ 약점 – 기호쓰기, 이해, 같은 도형 찾기

수학성취도 평가 4–2 후행 90% ┃ 5–1 현행 95% ┃ 전체 92.5%

동작성은 매우 우수하지만 상대적으로 처리속도는 다소 떨어진다. 성민이와 엄마가 성격 궁합이 잘 맞고 학습 동기가 높으며 정서가 안정되어 있다. 인지능력 학습유형 동기 수준을 고려하면 공부 잘하고 성격 좋은 아이다. 수학 평가를 보면 기본력, 응용력뿐만 아니라 전반적으로 모든 영역에서 우수한데, 특히 문제해결 능력이 뛰어나다.

이 또래 아이들의 대표 고민은 서술형과 심화 문제인데 성민이의 고민은 연산이다. 사실 연산에서는 정확성과 속도가 중요하므로, 이것만 챙기면서 공부하면 된다.

Q03 실수만 줄이면 완벽한데 어떤 문제들을 놓쳤을까?

9 다음은 배 판매량을 물결선을 이용하여 꺾은선 그래프로 나타낸 것입니다. 그래프에서 물결선으로 생략된 부분은 몇 개까지 입니까?

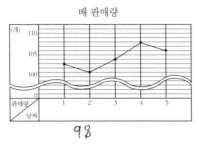

배 판매량

98

17 ㉮, ㉯, ㉰ 세 수의 합을 구하시오.

- ㉮는 ㉰보다 0.23 작은 수입니다.
- ㉯는 0.57의 10배인 수입니다.
- ㉮는 ㉯보다 0.48 작은 수입니다.

17

후행 9번에서 물결선을 이용한 꺾은선 그래프 그리기에서 물결선 의미를 묻는 문제를 틀렸다. 해결책으로는 인터넷 강의로 꺾은선 그래프의 부분을 본다면 쉽게 이해하겠다. 자기주도학습이 잘 되는 아이라서 꺾은선 그래프뿐만 아니라 다른 단원도 인터넷 강의의 도움을 받으면 더 성장할 유형이다. 성민이는 풀이 과정을 쓰는 연습이 정말 중요하다는 것을 다시 확인했다. 현행 17번은 수가 정확하게 주어진 것부터 다→가→나 순으로 구해야 한다. 다는 5.7, 가는 다에서 0.23을 빼야 하니까 5.47, 나는 가에서 0.48을 더한 5.95가 되고, 세 수를 더하면 17.12다. 문제는 풀이 과정이 없어 어디서 틀렸는지 알 수 없다는 것이다. 엄마가 하루에 10분 정도 10문제 정도 지도하면 좋겠다. 습관이 잡힐 때까지 연습장에 정확한 기호로 표현하게 연습시키고, 올림 숫자를 같은 위치에 적는 습관이 들도록 지도하자.

Q04 연산 실수만 없으면 선행은 하지 않아도 될까?

선행도 좋지만 이해하지 못한 상태에서 선행이 진행되면 빈 부분이 생길 수 있으니, 현행심화를 병행하면서 선행을 하자. 5학년 학습 시간으로 30분은 많이 부족하다. 자기주도학습을 하는 성민이는 매일 1~2시간 정도의 학습량이 적당하며 그것을 충분히 할 수 있는 아이다.

선행은 해도 걱정이고 안 해도 걱정이다. 공부할 때 집중을 잘한다. 정답은 잘 맞혔는데 풀이 과정을 길게 안 쓴다. 엄마가 틀린 문제를 알려주는 게 아니라 다시 한 번 읽게 하고, 다시 풀 기회를 주는 건 좋다. 수학 문제를 푸는 것보다 중요한 게 채점이고, 채점보다 더 중요한 게 오답을 생각해보는 건데 엄마가 잘 유도한다. 성민이도 진지하게 임하고 있다.

지금의 공부를 잘 습득한다면, 취미 차원에서 미리 해보는 것도 나쁘지 않다. 하지만 개인적인 생각으로는 아직 연산이나 추리력 등을 필요로 하는 문제에서는 실수를 좀 하므로, 선행보다는 5학년 심화 과정과 연산에 좀 더 노력해보자. 6학년 때 중학교 선행을 해도 좋겠다.

지금 학년에 대한 과제 수행도가 높으므로 심화 문제에 집중하여 현행 실력을 쌓아가는 게 좋다. 연산 후행을 끝내고 연산 현행을 하는 것도 필요하다. 하지만 성민이가 선행을 원한다면, 6학년 예습 개념의 선행을 해도 좋겠다. 중학교 과정을 할 필요는 전혀 없다.

Q05 성민이가 선행을 한다면 구체적인 학습법은?

현행복습과 선행을 병행하기 ▲ 5학년 여름 방학 – 5학년 2학기 과정 선행과 5학년 1학기 복습 ▲ 5학년 2학기 중 – 5학년 2학기 현행 복습 ▲ 5학년 겨울방학 – 6학년 1학기 예습과 초등 전 과정 복습 ▲ 6학년 1학기 – 6학년 2학기 예습과 6학년 1학기 현행복습 ▲ 6학년 여름방학 – 중학교 1학년 과정의 개념을 들여다보기

Q06 아이에게 관심이 많고 열심히 지도하는 엄마의 역할은?

동생과 사이가 좋으니 연산력(덧셈, 뺄셈, 곱셈, 나눗셈, 혼합계산, 소수, 분수 등 분야별)을 향상시키는 보드게임으로 함께 경쟁하듯 학습하도록 지도하는 것도 괜찮다. 성민이가 꼼꼼히 적으며 연산을 푸는지, 같은 실수를 반복하지 않는지만 살펴줘도 충분하고, 엄마의 주관대로 진행할 것을 권한다. 예습, 현행 복습을 잘 하는지 확인하고, 세부계획을 함께 짜도록 한다. 학년이 올라가면서 학원이나 선생님, 인터넷 강의 등 성민이에게 필요한 게 뭔지 살펴야 한다. 지금처럼 대화로 아이가 필요로 하는 것을 해결해주는 역할로 엄마는 충분하다.

핵심 조언!

하나! 풀이 과정! 실수를 줄이기 위해 풀이 과정을 쓰는 연습을 해보자.

둘! 나를 알자! 다른 사람의 계획보다는 나만의 계획을 세워보자.

셋! 고랑 파기! 싹을 틔울 때 고랑 파기가 기본이듯 수학의 기본은 정확한 식 세우기다.

넷! 주가 그래프! 엄마는 주식을 사고파는 것처럼 남의 이야기를 듣지 말고 소신껏 교육하자.

적절한 수준의 문제집과 알맞은 학습법이 최상의 공부법이다

초등
5학년

자기주도학습을 잘하는 초등 고학년! 게다가 하루 5권을 푸는 엄청난 학습량까지! 그런데 무조건 많이 푼다고 다 좋은 것은 아니다!? 아이에게 필요한 문제집부터 딱 맞는 학습량 정하는 방법까지!

Q01 맞벌이 부모 아래서 동생을 가르치면서 자기 공부도 하는데 효율적인가?

5권이나 되는 문제집을 모두 풀 필요는 없다. 수학을 공부할 때는 기초학습－유형 문제 공부－종합 문제·심화 문제로 다지기 순으로 해야 한다. 진도는 문제집 한 권에 집중하고, 다른 문제집 한 권으로 보충하는 것으로 충분하다. 그리고 현행과 후행 모두 다졌을 때는 종합문제집으로 공부하는 게 낫다. 아이가 혼자 열심히 공부하는데 피드백이 전혀 이루어지지 않고 문제집 권수와 장수만 채우는 게 안타깝다. 지금은 제대로 공부를 알려줄 전문가가 필요하다. 함께 공부하다가 동생이 모르는 문제가 있을 때만 가르쳐주는 것도 좋다.

동생을 가르치는 명진이의 선생님 역할이 정말 훌륭하고, 발문도 굉장히 잘해서 유익한 시간을 보내겠다. 하지만 형제간 우애 다지는 데는

208

좋을지 몰라도, 초2 내용이라 명진이의 실력 향상에는 도움이 되지 않는다는 것을 염두에 둬야 한다. 또한 매일 5권의 문제집을 푸는데 얼마나 소화하는지 모르겠다. 효과적인 공부가 될지는 의문이다. 자기주도학습은 잘하는 것 같다. 고학년 남학생이 저렇게 스스로 공부하는 것은 대단하다. 다만 피드백이 전혀 안 되고 있다. 틀린 문제를 그냥 지나치면 아예 안 푼 것과 마찬가지다. 문제집의 양만 많을 뿐 제대로 공부가 안 되고 있다.

Q02 명진이는 아는 문제만 골라서 푸는데 정확한 진단을 받아본다면?

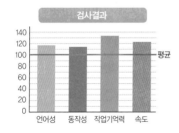
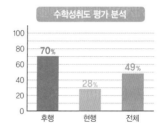

공부 진단검사 결과 (※민성원연구소 협조)

- -

인지능력 127/140(상위 3.5%, 우수)

언어이해 114/140(평균 상) | 지각추론 114/140(평균 상)

작업기억 132/140(매우 우수) | 처리속도 121/140(우수)

※ 강점 – 숫자, 순차연결

수학 후행은 소수곱셈 이해가 부족하고, 현행에서는 도형의 넓이에 대한 이해가 부족하다. 지금 학습은 아는 것을 계속 확인하는 과정이라 크게 의미가 없다. 자기주도학습은 태도뿐 아니라 학습 내용도 중요하다. 아이에게 필요한 공부가 무엇인지 찾아준다면 앉아 있는 습관은 잘 들었으니 금방 좋아질 것이다. 그리고 수학을 별로 좋아하지 않는 모습을 보이니 흥미 또한 찾도록 지도해줘야 하겠다.

Q03 명진이는 어떤 부분을 더 다져야 하고 어떻게 공부해야 할까?

4 빈칸에 알맞은 분수를 순서대로 구하시오.

+	$\frac{7}{12}$	$\frac{5}{2}$
$\frac{5}{8}$		

① $1\frac{7}{12}$, $1\frac{7}{8}$ ② $1\frac{7}{12}$, $2\frac{5}{8}$

③ $1\frac{1}{24}$, $2\frac{7}{8}$ ④ $1\frac{5}{24}$, $3\frac{1}{8}$

⑤ $1\frac{5}{24}$, $3\frac{3}{8}$

11 도형의 넓이를 구하시오.

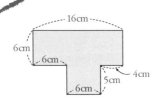

9 빈칸에 알맞은 수를 써넣으시오.

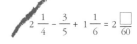

$$2\frac{1}{4} - \frac{3}{5} + 1\frac{1}{6} = 2\frac{\square}{60}$$

20 다음 중 넓이가 더 넓은 것의 넓이는 몇 cm²입니까?

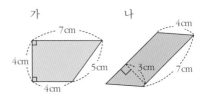

도형은 제대로 된 후행학습을 꼭 해야 한다. 둘레에 대한 문제를 제외하고 모든 부분을 거의 놓쳤기 때문에 후행을 해야 한다. 도형의 전개도는 비교적 쉬운 문제인데도 틀렸다. 후행에서 보자면 특히 도형의 넓이를 구하는 문제는 아예 손도 대지 않은 것도 많아 심각한 편이다.

지금 명진이가 푸는 도형은 초등학교 3학년 수준이다. 그러니 3학년이라고 생각하고 도형을 가지고 놀면서 도형 감각을 길러야 한다. 지금부터 동생을 가르쳐주는 대신, 동생과 함께 도형에 관련된 교구나 보드게임을 갖고 놀면서 감각을 기르자. 그리고 다양한 도형놀이 책, 도형 단원만 있는 3~4학년 동영상 강의 듣기, 종이접기, 블록 쌓기, 도형 관련 추리 퀴즈 책을 읽으면서 최대한 많이 놀고 접해보는 시간이 필요하다. 이렇게 개념을 익힌 뒤 4학년 1학기 문제집부터 도형 단원만 찾아서 공부하자. 분수 문제도 취약하기 때문에 분수의 개념, 계산과 통분, 분수의 크기 비교를 다시 공부해야 한다.

문장제 문제는 고학년으로 갈수록 더 어려워진다. 명진이는 쉬운 문제만 골라서 푸는데 이것은 공부가 안 되는 거다. 저 문제집은 개념은 없고 계산 문제만 가득하기에 핵심을 모른 채 문제 풀이만 할 수도 있다. 문장제 문제는 숫자에 네모나 동그라미를 치든지 밑줄을 그어 표시하고, 문제를 다시 읽으며 이해하는 방식으로 풀도록 노력하자. 그림을 활용해도 좋다. 마지막으로 독서가 중요하다. 독서를 해야 독해력 어휘력이 향상되는 건 당연한 사실이다. 오래 앉아 있는 습관을 잘 잡은 명진이는 5학년 수준에 맞는 인문, 과학, 사회 등 '여러 분야의 책을 하루 한 권은 무조건 읽기' 활동을 통해 독해력을 키우기 바란다.

Q04 흥미도 찾고 실력도 쌓을 수 있는 학습법과 학원의 필요성은?

학원이든 방문 선생님이든 전문가의 도움은 확실히 받아야 한다. 혼자 공부하는 방법을 몰라 벅찬 상태다. 가장 좋은 방법은 선생님과 함께 집에서 현행과 후행을 모두 공부하는 것이다. 후행이 필요한 단원들이 있어 학원보다는 공부방이 더 적합하다. 머릿속에 숫자만 남을 것 같다는 명진이 말을 들으니, 지레 겁을 먹는 것 같은데 일단 한 달은 공부방에 보내보자.

요즘 동영상을 제공하는 문제집이 많으니 알맞은 것을 골라 동영상 강의를 보면서 공부한다면 후행은 쉽게 이해할 것이다. 오래 앉아 있는 습관이 좋은 명진이는 잘할 것이다.

문제집 가짓수만 많고 매일 기계적으로 푸는 패턴이 수학을 더 멀게 할 수 있다. 엄마는 문제은행 등에서 현행 한 장, 후행 도형과 분수 한 장, 매일 두 장 정도의 문제를 출력해 놓고 출근하자. 명진이가 그것을 풀면 다녀와서 채점하고 틀린 것을 따로 적어서 알기 쉽게 설명해보자. 시간이 그리 오래 걸리지 않고 분량에 대한 압박도 없다. 이마저도 여의치 않다면, 명진이 상황을 가장 잘 아는 담임 선생님에게 부탁하여 매일 3문제 정도를 따로 명진이에게 지도해달라고 부탁하자. 문장제 문제를 풀 때는 수학 기초개념 사전을 준비하여 먼저 쭉 읽어보는 활동을 권장한다. 그리고 문장제 문제만 담은 문제집을 준비하자. 요즘 문제집 대부분이 QR코드를 문제별로 넣어 동영상 강의를 제공한다. 이를 통해 수학 기초를 다지고 흥미도 되살릴 수 있다.

Q05 맞벌이라 공부를 봐줄 수 없는 엄마는 어떤 역할을 해야 할까?

학원 자체가 가기 싫은 거라면 선생님이 집으로 오는 건 무리 없이 받아들일 것이다. 대화를 통해 방법을 찾아보자. 아이가 성실하니 합리적인 계획표까지 더해진다면 금상첨화다. 바쁘더라도 명진이에게 맞는 계획표는 엄마가 함께 짜 주자. 독서 시간은 몇 시부터 몇 시, 읽을 책 선정, 수학 공부는 몇 시부터 몇 시에 어떤 단원을 몇 문제 등 세세한 부분도 넣어서 계획하자. 그리고 문제집 권수를 줄이고 수준에 맞는 문제집을 정해주는 것이 엄마의 중요한 역할이다. 수준에 맞는 문제집을 찾아주는 게 어렵다면 선생님과 상담하여 방법을 찾자.

핵심 조언!

하나! 오답 점검! 정답에 대한 관심보다 오답에 대한 집중점검이 필요하다.

둘! 오답률 20%! 오답률 20% 이상 나오는 문제집이 아이에게 맞는 문제집이다.

셋! 수학공부 레시피! 아이에게 알맞은 학습법으로 실력을 키워보자.

넷! 오류마크! 도전하는 정신으로 친구나 선생님에게 물어보며 감독과 코치로 활약하자.

5

초등 5학년 수학, 엄마의 관여는 어디까지?

초등
5학년

매일 아침 스스로 어린이 신문을 읽는 현우! 수학을 공부하는 자세도, 집중력도 좋아 보이는데… 하지만! 수학은 보기만 해도 복잡하고 싫다!? 4학년 때까지는 현우의 공부에 관여했지만 지금은 현우를 위해 한 걸음 뒤로 물러난 엄마! 그러나 여전히 현우의 공부가 신경 쓰이고, 현우도 혼자 하는 학습에 갈피를 못 잡는다. 과연 현우와 엄마를 위한 선생님들의 특급 솔루션은?

Q01 현우가 수학 공부를 힘들어하고 엄마도 관여하지 않는데?

수학 문제를 풀고 나서 채점을 하지 않는다. 다른 문제집을 푸는 게 문제가 아니라 피드백이 없다는 게 문제이다. 엄마가 채점까지 현우에게 맡겼는데 제대로 이루어지지 않는다. 엄마는 현우에게 미안한 마음에 손을 놓았다고 했는데 너무 방관하는 느낌이다. 그런데도 그때그때 조금씩 조언은 한다. 현우는 수학 불안감과 거부감을 여전히 느끼는 듯하다. 학습 태도가 좋고 자세는 반듯한데 수학 거부감이 학습방해와 집중력 저하를 불러온 것으로 보인다. 사실 엄마가 현우에게 수학을 싫어하게 만들었다. 마음이 편안해야 수학 공부도 잘할 수 있다. 수학에 대해 아이가 거부감 없이 편안한 마음을 갖도록 돕는 게 필요하다. 지금 수학이 싫다고 공부하지 않으면 완전히 흥미를 잃어버릴 수도 있다.

아이를 너무 놓아버리면 모르는 것에 대한 피드백이 안 된다. 그 악순환의 고리를 끊으려면 부정적 인식을 버리고 실력을 올리는 학습법이 필요하다. 엄마가 직접 피드백하기보다는 다정한 선생님을 구해주고, 엄마는 체크만 하면 현우도 수학에 대한 부정적 인식이 줄어들 것이다.

Q02 현우는 수학 거부감과 불안감이 있는데 검사 결과를 본다면?

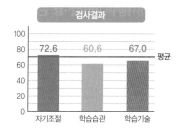 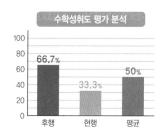

공부 진단검사 결과 (※창의적열정연구소 협조)

- -

수학 학습습관 검사

자기 조절 72.6% | 학습습관 60.6% | 학습기술 67.0%

※ 강점 : 자기이해지능, 언어지능, 대인관계지능

수학성취도 평가 후행 66.7% | 현행 33.3% | 평균 50%

현우는 엄마가 예전과 다른 교육 방침을 이용하면서 정서적으로 조금 안정되어 높은 보통 수준을 유지하고 있다. 그에 비해 학습습관이나 기술에서는 결점이 보인다. 학습습관은 특히 시간 관리 능력이 다소 낮다. 그동안 학습주도권이 엄마한테 있다가 현우에게 넘어왔는데 스스로 학습을 제대로 못한다는 뜻이다. 그렇다고 해서 당장 엄마가 '시간 관리를 다시 내가 해야지'가 아니라 현우가 책임감을 느끼고 학습시간을 관리하도록 유도해야 한다. 하루 중에 꼭 해야 할 일 한두 가지를 정해 실천하는 습관을 기르도록 유도해줘야 한다. 학습기술은 노트 필기를 제외하고 전반적으로 낮다. 특히 시험에 대한 불안감과 거부감이 있다. 수학에 대한 긴장감이 시험에 대한 불안감으로 그대로 연결된다고 볼 수 있다. 이를 완화하려면 아이가 '괜찮아, 틀린 것은 나에게 도움이 돼'로 받아들여야 하고, 점수에 연연하지 않아야 하겠다.

성취도 평가 점수는 수학의 거부감이 그대로 점수에 반영된 것 같다. 긴장감 때문에 실력 발휘를 못했을 것이다. 그리고 지금은 정서적인 피드백이 꽤 필요하다. 엄마가 조금은 긴장을 풀어주면서 틀려도 괜찮다는 긍정적인 피드백을 한다면 나아지겠다. 수학이 왜 싫어졌는지 현우가 그동안의 일을 직접 말했다. 현우도 엄마를 조금 더 편히 대하고, 더 나은 학습을 위한 과정으로 생각하면 좋겠다. 엄마가 피드백 방식을 바꿔 현우의 긴장감을 완화하는 게 급선무다.

Q03 엄마의 방관에 현우는 자유롭다고 하는데 문제 풀이를 보면?

연산과 기초개념에서 빈틈이 발견됐다. 자릿수 올림, 반올림 개념이 약했고 사다리꼴도 못 찾았다. 세 자릿수와 두 자릿수 곱셈에서도 실수했다. 계산을 제대로 해놓고 더할 때 실수를 했다. 기초적인 것에서 실수가 잦은데 이는 몰랐다기보다 풀기 싫어서 집중력이 떨어진 듯하다.

문장제 문제에서는 연산문제보다 쉬운 것도 놓쳤는데, 집중을 못해 내용도 제대로 파악 못한 것 같다. 지금은 부정적 인식을 걷고, 부족한 부분을 메워야 수학 자신감을 찾겠다.

독서도 습관화되지 않았다. 현우의 독서 흥미를 높이려면 엄마가 함께 서점에 가서 현우가 흥미로워하는 책을 직접 고르게 하고, 그 책을 사주자. 좋아하는 분야의 독서를 한다면 문장제 문제에 쉽게 접근할 수 있을 것이다. 현우 같은 아이들에게는 스토리텔링형 수학학습을 활용하면 좋다. 교과서는 재미있는 이야기로 흥미를 끌게 돼 있다. 현우는 독서 습관보다 언어적 능력이 우수하니 엄마가 교과서를 활용하여 지도하면 수학 거부감도 줄고 잘 활용할 수 있겠다.

Q04 현우가 수학 거부감을 줄이고 흥미를 높일 학습법이 있다면?

담임 재량이지만 성적표에 보통이 있다는 건 그야말로 실력이 보통이라는 뜻이다. 다른 건 적극적인데 수학만 소극인 것 같아 안타깝다. 지금은 수학적인 부족한 부분을 채워줘야 하는 시기여서 개인지도가 필요하다. 조금 친절하고 다정한 선생님에게 긍정적인 피드백을 계속 들으면 부정적 인식이 줄어들 거다. 집에서는 학습습관을 제대로 잡아야 한다. 현우가 아침마다 신문을 읽을 때 전후 5분을 활용해 쉬운 수학 문제를 풀어보는 것도 학습습관을 잡는 데 도움이 된다. 수학을 편안하게 느끼면 부정적 인식 대신에 흥미가 쌓일 것이다.

지금 현우는 많이 틀릴까 봐 채점하는 것조차 회피한다. 먼저 문제 난이도와 분량을 조절하여 많이 맞는 경험을 통해 수학에 대한 자신감을 높이고 학습에 대한 동기도 끌어줘야 한다. 그러면 현우가 조금 더 관심이 보일 것이다. 현행 점수가 낮은 건 그날 배운 내용을 그날 저녁에 바로 복습하면 해결된다. 현우는 아직 안 늦었으니 피드백이 필요하다. 채점할 때 틀린 것을 오히려 '이걸 몰랐구나' 하면서 칭찬해주면 앎의 기쁨이 되고 엄마와의 공부 시간을 즐거워할 것이다.

Q05 엄마가 공부 관심을 확 줄였는데 현우를 위한 엄마의 역할은?

현우를 위해 엄마가 학습 지도에서 한발 뒤로 물러나 있는데, 이렇게 직접 관여하지 않고도 아이에게 도움이 되는 올바른 학습 방향을 찾아 제시해주면 좋겠다. '채점은 이렇게 하는 거야' 또는 '공부 계획은 이렇게 세워' 하면서 지원하자. 그리고 잘 지도하는 선생님이나 학원을 찾아보고 상담을 통해 부족한 부분을 채워주면서 든든한 조력자가 되면 좋겠다. 또한 아이가 좋아하는 여가 활동을 적극적으로 지지해줄 것을 권한다.

핵심 조언!

하나! 짬 수학! 짬짬이 공부하는 습관을 들이다보면 어느새 수학과 친해져 있다.

둘! 보이지 않는 안내자! 아이의 수학 자신감을 위해 응원해주자.

셋! 부정 No, 긍정 Yes! 수학을 긍정적으로 생각하면 재미있는 친구가 될 수 있다.

넷! 신문! 기자의 냉정한 시각으로 나 자신과 많이 대화해보면 좋겠다.

6

도형, 일상의 모든 것과 연계해 흥미를 돋우자

하교 후 가방 정리는 물론 스스로 시간 관리장까지 작성하며 자기 관리가 철저한 준혁. 수학자가 꿈인 만큼 수학 점수도 우수한데. 단 하나, 준혁이의 발을 잡는 것이 있었으니 바로 '도형'. "도형이 머릿속에서 구현이 안 돼요." 유독 도형 문제만 나오면 자신감이 떨어져 교구 수업까지 받았지만 효과가 없다. 도형을 정복하려면 무엇을 배워야 할까?

Q01 알아서 공부를 잘하는데 왜 도형이 머릿속에서 구현되지 않을까?

13 오른쪽과 같이 정사각형 모양의 꽃밭의 둘레에 폭이 3m인 길이 있습니다. 이 길의 넓이가 2.04a라고 할 때, 꽃밭의 넓이는 몇 m²입니까?

(196m²)

유난히 도형에서만 막히는 아이들의 경우 도형이 머릿속에서 그려지지 않는다고 한다. 초등학생에게 시간 관리장 쓰기가 쉬운 일은 아닌데, 본인이 알아서 잘 쓰고 있는 것 같다. 운동, 건강관리, 습관, 약속 등도 시간 관리에 함께 적으면 좋겠다.

도형은 연산처럼 머리로만 계산하기보다 실제 다양한 경험을 통해 학습이 이루어져야 한다. 평소 야외활동이나 조각놀이, 조립놀이 등을 자주 즐기면 도형 문제에 강해질 수 있으니, 엄마가 가능한 한 밖으로 데려나가 아이가 야외활동이나 놀이에 흥미를 갖도록 유도해야 한다. 다행히 아이가 자신의 약점을 잘 알고 있고, 학습습관과 집중력도 좋으니 학습법에 다양한 변화를 주면 충분히 개선할 수 있다.

구현하기 어려운 입체도형뿐만 아니라 굳이 머릿속으로 그리지 않아도 되는 평면도형 문제도 잘 풀지 못하고, 식을 세우지 못하는 것도 있다. 도형 문제 역시 식으로 표현하는 순간 계산 문제로 바뀌니, 도형과 연산의 연결고리인 식을 잘 세우게 되면 연산능력이 탁월한 준혁이에게도 자신감이 생길 것이다. 5학년 과정인 평면도형의 둘레와 넓이 부분의 개념부터 복습하면 좋겠다.

Q02 현재 준혁이의 정확한 수학 실력을 진단 평가 결과로 알아본다면?

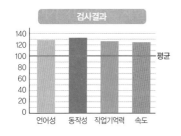
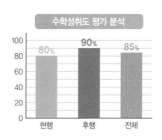

공부 진단검사 결과 (※민성원연구소 협조)

<u>인지능력</u> 135/140(매우 우수, 0.9%)

언어성 130/140(매우 우수) | 동작성 131/140(매우 우수)

작업기억 125/140(우수) | 처리속도 124/140(우수)

※ 강점 – 공통그림찾기

※ 약점 – 토막짜기

<u>수학성취도 평가</u> 현행 80% | 후행 90% | 전체 85%

토막짜기가 약하게 나왔는데, 이 영역이 도형과 관련이 많다. 공부할 때 마음이 매우 불안하다고 나온 건 학업 스트레스가 높다는 뜻이다. 하지만 기본 실력이 좋아 충분히 잘할 수 있으니 스트레스를 받지 않도록 엄마가 도와주도록 한다.

수학평가를 보면 5-1 후행은 개념 이해 능력과 응용력 모두 우수하고, 5-2 현행은 기본기와 응용력 또한 좋다. 하지만 도형, 그림그래프, 넓이 환산, 직육면체의 전개도 같은 기하의 이해가 다소 부족하다. 초등 3학년부터는 상위 학년과 연계된 도형의 기초 개념들을 배우게 되는데 이때부터 개념을 정확히 잡지 않은 상태에서 문제만 푼 것으로 보인다.

Q03 수학평가지를 통해 도형을 어떻게 잡을지 알아본다면?

15 왼쪽 직육면체의 전개도와 오른쪽 정육면체의 전개도에서 굵은 선의 길이가 같다. 정육면체의 한 모서리의 길이를 구하시오

20 직사각형 모양의 정원에 폭 2m인 길을 만들었습니다. 이 길의 넓이가 136cm² 라면 이 정원에서 길을 제외한 정원의 넓이는 몇 a입니까?

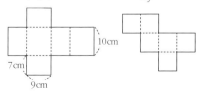

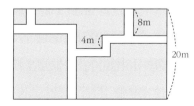

((11+0+10)×4= 20×2=104

104÷2=8 $\frac{2}{3}$

40×2+16 = 96.

후행에서 도형 전개도 문제를 틀렸다. 직육면체 전개도에서 선의 길이를 잘못 쟀고, 정육면체의 모서리 개수를 제대로 찾지 못했다. 아직 전개도를 조립했을 때의 모양을 정확하게 연계하지 못해서이다. 실제 도형의 전개도를 이용해 도형을 만드는 경험을 늘려야 한다. 현행 20번의 경우 한 단계 높은 응용문제인데, 못 푼 것을 보면 응용문제를 푸는 실력 또한 키워야겠다. 생활 속에서 '일상소품을 도형과 연결 짓기', '도형을 여러 개 겹치거나 쪼갠 모습을 여러 각도에서 바라보는 활동', '모서리·각과 전개도 등으로 하나하나 분해하고 넓이와 둘레 등을 계산하기'와 같이 단계적으로 진행한다면 손쉽게 도형 문제를 익힐 수 있다.

Q04 도형의 개념을 쉽게 익히는 방법이 있다면?

준혁이가 숫자에 강해서 수치화되지 않은 도형 문제가 어렵게 느껴질

수 있는데, 문제에 그림이 주어지면 최대한 그림에 수치를 표기하고 이를 이용해 문제를 풀어보자. '대칭이 뭐야?', '이 도형은 선대칭 도형이야?', '선대칭 도형인 이유가 뭐야?', '선대칭 도형이면서 점대칭 도형일 수도 있어?' 등 도형 개념을 문답으로 익혀보자. 아는 것과 모르는 것을 금방 구분해낼 뿐만 아니라 말로 표현하는 과정에서 아이 스스로 깨달을 수도 있다. 웹상에 있는 기하학습 도구들을 사용해 그리고, 오리고, 접고, 돌려보는 활동을 하면 머릿속에 구현되는 건 시간문제다.

Q05 엄마는 선행 진도가 걱정이고 준혁이는 어렵다는데 어떻게 할까?

인지능력으로 보면 중2 과정도 무리는 없지만, 준혁이에게 흥미가 없다는 게 문제다. 선행은 스트레스의 원인이 될 수도 있으니 안 하는 게 맞다. 도형은 무조건 시키면 안 되고, 도형 이외의 내용에 흥미가 생긴다면, 흥미를 만족시키는 차원에서 개념선행 정도만 하면 좋겠다.

지금은 선행보다는 사고력 문제와 현행 심화 문제를 풀 것을 추천한다. 수학을 잘하는 학생이니 현재 학년 난이도 문제에서 즐거움을 느낄 것이다. 도형의 경우 5학년 후행과 함께, 아직 6학년 과정에서도 각기둥과 각뿔, 원기둥, 원뿔, 구 등의 입체도형과 넓이와 겉넓이에 대한 이해와 활용 등 다양한 문제가 있으니, 확실히 알고 있는지 확인한 후 중학교 선행에 들어가자.

핵심 조언!

하나! 넘나들기! 도형 감각을 키우기 위해 실물과 머릿속을 넘나드는 연습을 해보자.

둘! 약점 보완! 아주 여러 번, 조금씩 연습한다면 약점을 잡을 수 있다.

셋! 씹고 뜯고 맛보고 즐기고! 그리고 오리고 돌려보면서 도형의 두려움을 잡자.

넷! 가위! 박스나 공 등 다양한 물건을 오려보고 관찰하면서 도형의 이해와 개념을 채우자.

7

실천 가능한 계획과 의미 있는 실천이 공부의 핵심이다

초등
6학년

합창부터 태권도, 미술, 피아노까지 다양한 활동을 즐기는 예원!
하고 싶은 것도 많고 해야 할 것도 많지만 수학 공부할 시간은
부족하다? 과도한 욕심으로 무리한 계획을 세워 수학 공부는
계속 뒷전인 예원이를 위한 특급 솔루션!

Q01 예원이의 과도한 스케줄이 학습에 악영향을 끼치지 않을까?

보드게임은 즐겁게 학습하는 방법으로 주의력, 연산능력, 사고력을
키워준다. 요즘 아이들이 보드게임하는 모습을 보면 기특하다. 지은이
가 스스로 하루 계획표를 짜고 지키려는 걸 보니 욕심이 참 많은 것 같
다. 마치 성악을 배운 듯 노래를 잘한다.

하루 계획을 무리하게 세우다 보니 아무래도 힘들어지고, 수학 공부
가 밀리는 상황이다. 사실 계획을 어떻게 세우는지 모르는 아이들이 대
부분인데, 예원이는 해야 할 일을 정확하게 알고 계획을 세운다. 욕심도
의욕도 많고 열정도 넘친다. 하지만 과도한 계획은 수정해야 한다. 지키
지 못할 계획은 실망만 주고 학습 의욕도 떨어질 수 있다. 내가 할 분량
을 정확히 파악하여 매일 수학을 공부해야 한다. 6학년이면 수학 공부
는 하루에 1시간이 적당하다. 하루 1시간 수학 계획표는 '개념 복습→
교과서→문제집→유형별 문제 풀이'로 실천하면 된다.

Q02 엄마는 현재 하는 걸 더 잘하면서 연산 실수를 줄이자는 건데?

혼자서 공부하는 능력이 있고 학습습관도 잘 잡혀 있으며 실력도 뛰어나 보인다. 아주 기특하고 모범적인 학생이다. 많은 양의 연산 문제를 풀다 보면 나오는 실수들이 있다. 개념 부족이 아닌 단순 실수다. 지금은 큰 문제가 될 것 같지는 않다. 하지만 이를 극복하려면 연산 문제는 매일 조금씩 자주 풀면 좋겠다. 수학 흥미가 떨어지지 않도록 해주는 게 중요하다. 수학 공부는 한꺼번에 많은 양을 하기보다 조금씩 자주 하면 좋겠다.

틀렸던 문제를 잘 알게 된다는 부분은 아주 좋다. 예원이는 채점도 학습의 일부라고 생각하고 있다. 피드백도 하므로 예원이가 직접 채점해도 괜찮겠다.

Q03 수학 실력과 성향을 분석해서 예원이의 수준을 본다면?

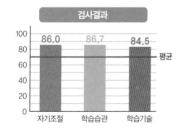

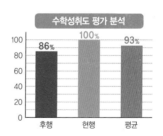

공부 진단검사 결과 (※창의적열정연구소 협조)

수학 학습습관 검사

자기조절 86.0% | 학습습관 86.7% | 학습기술 84.5%

※ 강점지능 – 신체운동지능, 대인관계지능, 논리수학지능

※ 학습성격 유형 – 자유로운 학습자

수학성취도 평가 후행 86% | 현행 100% | 평균 93%

정서적으로 상당히 안정되어 있고, 학습습관이나 기술적인 부분은 의욕적이다. 시간 관리 능력은 좋은데, 문제는 의욕이 앞서 해낼 수 있는 일보다 과하게 계획을 짜는 성향을 보인다는 것이다. 일단은 계획표를 지키고 관리할 능력을 키우는 것이 필요하다.

수학 공부에서는 개념을 분명하게 이해하고 검산까지 하는 꼼꼼함이 있다. 그런데 좋은 실력을 갖췄음에도 무리한 계획으로 실수가 나오고 있다. 실천 가능한 계획을 세워 실행한다면 실수가 줄겠다. 풀었던 문제를 또 풀면 지루할 테니, 틀린 문제만 다시 풀면서 훈련하도록 한다.

풀이 과정을 보니, 교과서에서나 볼 수 있는 모범답안을 적고 있다. 채점 후 피드백이 잘 되고 있어서 이런 결과가 나온 것 같다. 그런데 6번 문제를 보면 개념은 분명히 알지만, 문제에서 제시한 게 아닌 다른 답을 쓴 게 조금 아쉽다. 끝까지 꼼꼼하게 확인해보면 좋겠다.

2 □ 안에 들어갈 수 있는 자연수를 모두 구하시오.

$$0.64 < \frac{\Box}{20} < 0.7$$

(　13　)

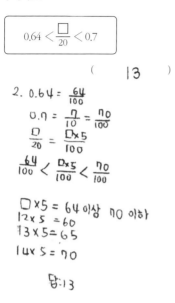

2. $0.64 = \frac{64}{100}$

$0.7 = \frac{7}{10} = \frac{70}{100}$

$\frac{\Box}{20} = \frac{\Box \times 5}{100}$

$\frac{64}{100} < \frac{\Box \times 5}{100} < \frac{70}{100}$

□×5 = 64 이상 70 이하
12×5 = 60
13×5 = 65
14×5 = 70

답: 13

6 다음 두 도형은 점대칭의 위치에 있는 도형이다. 선분 ㄱㅁ의 길이가 20cm일 때 선분 ㄹㅈ의 길이는 몇 cm인가?

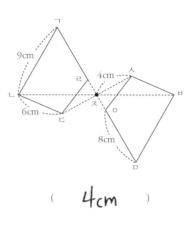

(　4cm　)

Q04 목표량과 실천방법을 최대한 고려해 계획을 세운다면?

　학습계획 짜기 첫걸음은 먼저 해야 할 일 위주로 계획을 짜는 거다. 태권도, 미술, 피아노 중 예체능 학원은 요일별로 구분하여 시간을 확보하도록 한다. 피아노는 수행평가 때문이라는데 월·수·금이나 월·수에 하면 좋겠고, 태권도는 화·목에 간다든지 계획을 구분하면 좋겠다. 또한 수학, 독서, 과제 등 매일 해야 할 일을 배치 후 다른 활동을 추가하면 좋다. 지킨 일에 대해선 삭제해나가는 식으로 진행하면 성취감도 느낄 것이다. 어느 정도 해낼 수 있는지 정확하게 아는 게 필요하다. 6학년의 경우 스스로 공부하는 시간이 보통 하루에 2시간이라고 한다. 예원이도 2시간 동안의 스스로 학습은 가능하겠다. 그러면 매일 한 시간은 수학 공부, 나머지 과목은 요일별로 배분하여 공부하면 된다. 또 수학을 미루다가 못하는 경우도 있는데 그럴 때는 시간 관리 법칙에 따라 꼭 해야 할 일을 가장 먼저 한다는 기준을 세우면 된다. 고학년이 되면 시간 관리가 어려워질 테니 실천 가능한 시간 계획으로 실천하는 습관을 길러야 한다.

Q05 앞으로 예원이의 수학 공부는 어떻게 접근하면 좋을까?

일단은 얼마만큼 공부하는지 예원이에게 맞는 학습량을 아는 게 중요하다. 정해진 시간에 할 학습량을 스톱워치로 체크해 계획을 세우면 시간에 쫓기지 않으니까 실수도 줄이게 된다. 예원이는 스토리텔링 능력이 상당히 뛰어나니 스토리텔링을 활용해 수학 공부를 하면 좋겠다. 친구들에게 문제를 내거나 가르쳐주며 수학 공부를 하면 실력이 더 오를 것이다.

인터넷 강의로 맞는 강의를 들어도 좋다. 심화 문제도 다뤄볼 필요가 있으니, 심화, 응용문제집 등 다른 문제집을 활용해보면 좋다. 학습에 대한 단기·장기 목표를 설정하여 공부하는 것도 성취감을 느낄 수 있겠고, 연산 또한 학습규칙만 잘 세운다면 실수도 줄 것이다.

Q06 엄마는 예원이의 공부를 위해 어떤 걸 도와주면 좋을까?

예원이는 예술적인 재능도 뛰어나다. 학교 공부를 중심으로 하되 진로에 대해 함께 고민해주는 것도 필요하다. 그리고 공부 계획과 실행에 대한 관리를 해줘야 한다. 학습에 직접 개입이 아닌 전체 계획을 관리해주는 거다. 계획대로 잘하는지, 어려워하는 부분은 없는지, 억지로 하는 부분이 있는지 등을 관리해주면 좋겠다. 욕심이 많은 아이는 의욕이 많은 아이다. 실천 가능한 계획표로 바꾼다면 중·고등학생이 되어서도 좋은 결과가 나올 것이다.

핵심 조언!

하나! 나침반! 롤모델이 목표를 이루는 과정을 통해 올바른 공부 방향을 정해보자.

둘! 계획은 희망 사항이 아니다! 실천할 수 있는 계획을 세워 의미 있게 실천해보자.

셋! 객관적으로 바라보기! 스스로 학습할 수 있는 양을 객관적으로 파악해보자.

넷! 러닝화! 마라톤에서 페이스 조절하듯 공부도 페이스 조절로 효율적으로 시간을 관리하자.

8

하루 종일 혼자인 아이, 자신과의 철저한 약속으로 시간을 가치 있게 쓰자

초등
6학년

방과 후부터 밤 10시까지 동생과 단둘이 보내는 지민! 학습 관리도, 학습 피드백도 없이 혼자서 모든 걸 해야 하는 상황에서 지민이와 부모님이 할 수 있는 학습방법은? 맞벌이 가정의 아이들을 위한 선생님들의 특급 솔루션!

Q01 지민이가 공부도 하면서 동생까지 챙기는 게 아주 대견한데?

6학년인데도 동생을 잘 챙기고 사이도 정말 좋아 보인다. 하지만 집에 오면 계획적으로 먼저 공부하면서 시간을 보내고 이후에 게임하는 습관을 들여야 한다. 집에서 통제가 안 되어 중독될 가능성이 굉장히 높다. 공부방을 다녀와서 저녁 시간을 그냥 허비한다. 숙제는 했지만 큰 계획 없이 게임으로 보내는 생활이 반복된다. 계획표를 짜고 지키는 연습을 하면서 습관을 잡아나가는 시기인 것 같다. 스스로 제어하는 모습이 보이고, 스마트폰에 빠졌음에도 학습습관이 좋아 방향만 잘 잡으면 나아지겠다.

학습 피드백을 받을 수 있는 환경을 만들어야 한다. 기초적인 문제도 틀렸다. 엄마가 이런 상황을 정확히 알 수는 없다. 지금부터 약속을 지키고 습관을 들이도록 바로잡아줘야 한다.

현재 엄마는 아이의 공부 상태에 대해 많이 모른다. 그런데 맞벌이 가정 부모는 상황이 이와 비슷하다. 그래도 지민이는 동생을 잘 가르쳐준다. 일하는 엄마들은 아이들을 통제할 방법이 전화로 확인하는 것뿐인데 지민이는 휴대폰을 무분별하게 사용한다.

Q02 매일 한 시간 반을 공부해도 성적이 안 나오는데 실력을 본다면?

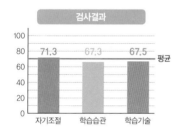
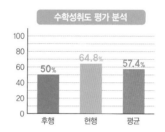

공부 진단검사 결과 (※ 창의적열정연구소 검사)

수학 학습습관 검사

자기조절 71.3% | 학습습관 67.3% | 학습기술 67.5%

※ 강점지능 – 공간지능, 논리수학지능, 자기이해지능

※ 학습성격 유형 – 이상적인 학습자

수학성취도 평가 후행 50% | 현행 64.8% | 평균 57.4%

공부한 시간은 1시간 30분이지만 실제 1/3 정도나 집중했을까. 그리고 집중이 한 번 흐트러지면 다시 집중하기까지 시간이 걸린다. 생각하는 것보다 훨씬 적은 양을 공부했을 거다. 이런 것은 빨리 개선해야 하는데, 지금은 학교 선생님과의 상담이 필수이고, 공부방 선생님과의 상담도 필요하다. 전문가의 도움을 통해 올바른 학습 계획을 설정해야 한다.

진단 평가 결과 모든 부분에서 부족하다. 문제의 풀이법도 모르고 서술형 문제도 어려워한다. 서술형 문제는 6학년 때는 꼼꼼하게 알아야 한다. 전반적으로 복습이 필요하다. 학습에 투자한 시간이 온전히 학습에 투자했는지 살펴봐야 하겠다. 피드백이 제대로 되지 않아서 그런 것 같다. 그래도 자기가 공부를 해야 한다는 것은 강제하는 것 같다.

지민이는 자기조절 영역에서 보면 특히 정서나 자율성이 낮다. 정서는 공부 환경에 영향을 받는데, 집에서의 학습 환경도 책상이나 장소 등 환경 개선도 능률 향상에 도움이 된다. 약한 우울 기제도 보인다. 스스로에 대한 기대치가 높아 스트레스가 높다. 책상 정리나 계획에 의한 활동 등이 정서에 도움이 된다. 방 정리만 잘해도 정서적으로 좋아진다. 방 정리를 하고 스스로 계획표를 세우다보면 시간 관리 능력이 오르고 성취감을 얻어 성적도 향상된다.

Q03 초등 고학년이 혼자 있는 저녁 시간을 어떻게 잘 활용하면 좋을까?

일단 집에 돌아오면 손부터 씻고 생활습관을 잡아야 한다. 저녁밥 먹기, 휴식 후 공부보다 공부 후 휴식이 더욱 효과적이다. 1시간 정도 공부하면서 학습습관을 잡고, 보상 개념으로 게임을 해야 한다. 그리고 9

시부터는 독서로 학습능률을 끌어올릴 필요가 있다. 그다음 엄마가 올 때까지 보드게임을 하든지 동생 공부를 봐주는 게 좋겠다. 환경상 동생과 분리된 학습은 힘든 상황 같다. 이때는 지민이가 모범을 보이면서 동생을 이끌어나가면 좋겠다.

학습계획표를 만들어 동생과 공유한 후 하나씩 실천하면서 함께 습관을 잡아나가는 것도 좋다. 동생이 질문하는 시간을 따로 만드는 것도 괜찮다. 부모님이 함께하지 않는 한 스마트폰 관리는 불가능하다. 계획표 안에 학습 시간과 게임 시간을 따로 표시하자. 시간 계획을 짤 때 스마트폰을 대신해 학습만화와 한자 놀이 등 학습 흥미를 높이는 활동을 넣어도 좋다.

Q04 지민이에게 추천할 만한 수학학습법은?

인터넷 강의를 추천한다. 동생과 함께 공부하다 보니, 인터넷 강의를 들으면 각자의 학습 시간을 확보하고 부족한 부분을 메우는 수단도 되기에, 인강 시간을 생활계획표에 넣어도 좋다. 부모는 학습지도보다는 생활에 대한 관리를 해주면 좋겠다. 인터넷 강의나 문제집 추천도 큰 역할을 하겠다. 공부 피드백은 담임 선생님이나 공부방 선생님에게 자신 있게 묻자. 내성적인 학생은 질문이 어려울 수 있으니 엄마가 미리 선생님한테 부탁해두자.

Q05 엄마는 일주일에 딱 하루만 쉰다는데 지민이를 위한 엄마의 역할은?

엄마는 하루 쉬는 날에 일주일간 계획을 세우거나, 지난 계획을 잘 지컸는지도 관리해줄 수 있다. 지민이가 공부방 선생님을 활용하지 못하는데, 엄마가 선생님과의 상담을 통해 지민이 학습 관리를 부탁하면 좋겠다. 또 학교 선생님과 상담하면 좋은 정보도 많이 얻을 수 있으니, 꼭 하길 바란다. 엄마가 매일 밤늦게 집에 오는데, 그래도 집에 오면 아주 짧은 시간이라도 아이들과 마주 앉아 대화를 하면 아이들도 안정을 찾고, 스스로 할 일을 찾아서 하려고 노력할 것이다.

핵심 조언!

하나! 약속! 나, 부모님, 동생과의 약속을 지켜나가다 보면 언젠가 변화가 느껴질 것이다.

둘! 백지장도 맞들면 낫다! 학습을 도와주는 사람들과 함께 열심히 노력해보자.

셋! 난 소중하니까! 나 자신을 사랑하고 귀하게 여기면 시간도 가치 있게 보낼 수 있다.

넷! 양세형&양세찬! 형제 개그맨이 잘나가는 것처럼 지민이도 형으로서 모범을 보이자.

9 음악적 성장을 위해서는 수학을 꼭 잡아야 한다

초등
6학년

뮤지컬 배우를 꿈꾸는 영수! 문제는 학습지 숙제 외에는 수학 공부를 전혀 하지 않는다는 것. 게다가 선생님이 오시기 몇 시간 전에 몰아서 푸는 게 전부다. 아무래도 학습 습관의 개선이 필요할 것 같다. 하지만 영수는 현재 수학에 흥미가 전혀 없는 상황. 음악을 전공하기 위해서는 수학이 중요하다고 말하지만 전혀 통하지 않아 부모는 고민이 이만저만이 아니다. 오로지 음악 외길만 걷고 있는 영수가 수학에 흥미를 가질 방법이 없을까?

Q01 장래희망이 뮤지컬 배우인 영수의 수학 공부는 주 1회, 예체능도 수학이 필요할 텐데?

수학은 영수가 좋아하는 음악과 깊은 관계가 있다. 음악은 조화와 비례가 중시되는 예술 분야이고, 규칙성을 발견하고 비례를 찾는 수학학습은 조화를 이루는 음악을 만드는 데 가장 중요한 기초학문이다. 이런 음악과 수학의 관계를 영수가 꼭 알아야 한다. 음악전공자인 엄마, 사이 좋은 아빠가 함께 옆에서 더 잘 알려주면 동기부여가 되어 수학을 소홀히 안 할 것이다. 그리고 음악 실력이 벼락치기로 절대 향상될 수 없듯 수학 실력도 마찬가지다. 학습지 공부 분량을 엄마아빠가 조절해주어

매일 꾸준히 공부하는 게 필요하다. 분수의 곱셈은 5학년 1학기 과정인데 수학에 흥미를 느끼려면 다른 친구들처럼 현재 학년 수준으로 끌어올려야 한다. 즉 학습습관을 잡는 것이 시급하다. 학습지 선생님과 공부하는 것을 영수가 좋아하니까 선생님과 상의해서 혼자 공부할 것을 꾸준히 제공하면 습관은 잡을 수 있다.

다만 학습지의 안 좋은 습관은 검사 직전에 몰아서 하는 것이다. 수학은 지속해서 풀어야지 몰아서 풀면 효과가 떨어진다. 그래도 의지를 다지니 집중하는 모습이다.

Q02 음악을 좋아하는 영수의 현재 수학 실력은?

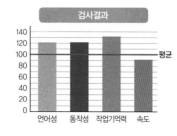
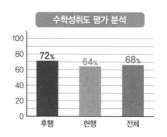

공부 진단검사 결과 (※민성원연구소 협조)
- -

인지능력 100/140(4.7%, 우수)

언어성 122/140(7.2%, 우수) | 지각추론 123/140(6%, 우수)

작업기억 132/140(1.7%, 매우 우수)

처리속도 92/140(71.1%, 평균)

※ 강점 – 공통성, 순차연결, 행렬추리

※ 약점 – 상식, 빠진 곳 찾기, 기호쓰기, 같은 도형 찾기

수학성취도 평가 후행 72% | 현행 64% | 전체 68%

영수는 계산력은 뛰어나지만 이해력이 상대적으로 부족하고 분수의 연산 학습이 보완되어야 한다. 문제해결 능력이 부족하고 분수 나눗셈의 도형 활용이 부족하다. 작업기억이 뛰어나며 처리 속도가 상대적으로 떨어진다. 학습전략 유형은 우울, 불안, 짜증이 약점으로 현재 정체형이다. 학습 관리가 잘 안 되는 것치고는 평균 정도의 수준, 즉 잘하고 있다. 지금부터 잘 다잡아준다면 실력은 금방 늘 것이다. 게임을 좋아한다고 들었는데, 습관이 잡힐 때까지 매일 목표량을 세우고 목표량만큼 달성했을 때, 게임을 조금씩 하게 하는 보상도 초반에는 좋다.

Q03 공부를 많이 안 하는데 기본 실력은 있다, 틀린 문제를 짚어본다면?

10 가로가 $4\frac{2}{3}$m, 세로가 $3\frac{3}{5}$m의 직사각형 모양의 꽃밭이 있습니다. 이 꽃밭의 가로와 세로를 늘여 넓이가 2배인 꽃밭을 새로 만들려고 합니다. 새로 만들 꽃밭의 가로를 처음 꽃밭의 가로보다 $\frac{2}{3}$m 더 길게 늘이면, 세로는 처음 꽃밭의 세로보다 몇 m 더 길게 늘여야 합니까?

① $2\frac{7}{10}$ ② $3\frac{1}{5}$ ③ $2\frac{5}{7}$

④ $4\frac{1}{5}$ ⑤ $3\frac{1}{10}$

21 사다리꼴 모양의 밭이 있습니다. 이 밭의 넓이는 몇 ha입니까?

400m

300m

500m

23 어떤 수에 5.47을 곱해야 할 것을 잘못 하여 547을 곱하였더니 355.55가 되었 습니다. 바르게 계산한 답을 구하시오.

25 윗변이 40m, 아랫변이 60m, 높이가 12m인 사다리꼴 모양의 텃밭이 있습니 다. 이 텃밭을 2a씩 나누어서 각각에 서 로 다른 종류의 채소를 심으려고 합니 다. 모두 몇 가지의 채소를 심을 수 있습 니까?

후행을 보면, 전반적으로 분수와 자연수의 나눗셈, 분수와 소수의 나눗 셈을 자주 틀리고 실수한다. 사다리꼴 넓이 관련 문제를 모두 틀린 것으 로 보아 도형의 넓이 관련 후행이 필요하다. 현행에서는 분수의 나눗 셈과 평행사변형의 넓이 관련 문제를 틀렸다. 신기한 것은 후행과 현행 의 약점이 분수와 소수 관련 나눗셈과 도형의 넓이로 똑같다. 지금 수 학을 못하는 게 아니므로, 이 두 부분에 대한 확실한 후행과 보완만 해 준다면 성적은 쑥쑥 오를 것이다.

현행 진단지와 후행 진단지에서 공통적인 또 다른 특징은 문장제 문 제를 식으로 변환하는 연습이 안 된 것이다. 쉬운 문제부터 문장을 보 고, 식을 세우는 연습을 하도록 지도가 필요하다.

Q04 약한 부분을 보충해주고 흥미를 이어갈 수 있는 수학 학습법이 있다면?

영수는 환경에 영향을 많이 받는 성향이다. 매일 누군가가 흥미로운 학습으로 관리해준다면 금방 감을 찾겠다. 하지만 부모가 시간이 안 되 니, 학습지 선생님과 상담하여 선생님이 안 오는 평일의 적합한 관리자 를 찾으면 좋겠다. 이왕이면 재미있게 말하는 선생님이 좋겠다.

예체능 감성이 발달한 영수는 다채로운 내용을 담은 인터넷 강의나 온라인 학습을 하는 게 좋다. 특히 학습량이 잘 관리되는 온라인 학습이 맞겠는데 이 또한 학습지 선생님께 물어보고 추천을 받자. 수학체험관이나 캠프처럼 수학을 즐길 기회를 적극적으로 찾아서 보여주자. 보여줄 때도 수학은 많은 기호와 부호가 약속이다. 음악이 약속기호인 음표로 표현하고 해석하는 게 수학과 닮았네, 수학을 잘하면 음악도 잘하게 된다, 는 식으로 수학과 연관 짓자.

Q05 공부를 너무 많이 시키는 것은 흥미를 떨어뜨릴 듯한데, 알맞은 수학 학습량이 있다면?

그래도 수학은 매일 1시간씩은 꼭 공부해야만 습관이 잡힌다. 인터넷 강의를 30분 공부하고, 후행 학습을 20분, 6학년 수학 교과서를 10분 정도로 매일 공부한다면 부담이 없을 것이다. 처음 공부할 때는 어려울 수도 있지만 습관을 잡기 위해서는 어쩔 수 없다. 한시라도 빨리 학습량을 늘리고 부족한 부분의 공부를 해야 한다.

영수가 단기 유학 중에 수학을 재미있게 공부했다고 한다. 그 이유를 예상해보면, 우리나라와 해외의 수학 공부는 학습 난이도와 양의 차이가 있었을 것이다. 우리나라에서 공부한 아이들이 외국 학교에 가면 천재 소리를 듣는다.

Q06 엄마는 바쁘고, 아빠도 공부를 강요하지는 않는데, 엄마아빠가 어떤 역할을 해주면 될까?

수학에 흥미가 생기려면, 현재 영수를 잘 아는 담임 선생님, 학습지 선생님과의 상담이 우선돼야 한다. 선생님들을 만나서 최대한 물어보자. 그리고 영수와 함께 계획을 짜나가자. 월요일에는 학습지 두 장과 기초문제집 한 장, 어떤 단원, 시간은 30분 이렇게 구체적으로 계획을 세우면 좋다. 영수가 이것을 잘 해내면 칭찬해주고, 버거워하면 선생님과 통화를 하여 어려워하는 부분을 어떻게 도울지 물으며 적극적으로 개입하자. 영수 엄마아빠는 바쁘긴 하지만 충분히 가능하다. 이때까지 영수에게 많은 자유를 줬으니 지금부터는 제대로 한 번 영수의 수학 공부에 신경 쓰기 바란다. 영수에게 관심 많은 두 분이니 잘 해낼 것이다.

아이가 어떤 공부를 하는지, 숙제는 잘하는지 계속 체크하는 게 가장 적극적으로 개입하는 것이다. 영수가 힘들어할 때마다 앞으로 뮤지컬배우가 되려면 꾸준한 연습으로 평소에 실력을 향상해두는 연습이 필요한데, 이렇게 수학 학습을 하는 것도 그런 연습의 하나라는 식으로 엄마아빠가 이야기하며 다잡아주는 것도 중요하다.

핵심 조언!

하나! 포켓 math! 수학적 읽을거리와 콘텐트를 자주 접할 수 있도록 해주자.

둘! 지금 이 순간! 예체능 활동에서 꼭 필요한 수학적 사고력! 가능성이 있으니 더 노력하자.

셋! 하모니! 음악적 재능과 수학적 사고력이 멋진 하모니를 이루게 하자.

넷! 기타! 악기도 매일 사용하지 않으면 소리가 변하고 음악 실력도 줄어든다. 매일 조금씩 공부하자.

"시인 기질을 갖추지 못한 수학자는
결코 완벽한 수학자가 될 수 없다."

– 카를 바이어슈트라스 (Karl Weierstrass)

5부

생활 속
수학 이야기

01 수학으로
인생 역전한 기업가

∨ 'Simple is the best' 스티브 잡스

애플의 창업주 스티브 잡스Steve Jobs, 1955~2011의 이야기다. 잡스가 애플을 성공시키기 전부터 이미 유명 인물이었다는 사실을 아는 사람은 그리 많지 않다. 1985년 애플을 잠시 떠나 미국의 소프트웨어 회사인 픽사Pixar를 인수한 잡스는 애니메이션 '토이스토리Toy Story, 1995'를 기획해 약 3억 6,000만 달러의 흥행 수입을 올렸다.

이렇게 애니메이션으로 돈방석에 앉게 된 비결은 바로 수학에 있다. 그는 언뜻 생각하면 큰 관계가 없을 것 같은 수학자를 애니메이션, 그중에서도 컴퓨터 그래픽 제작을 위해 대거 고용했다.

어릴 때부터 수학을 좋아했고 수학에 뛰어난 재능을 보였던 잡스는 컴퓨터 그래픽 작업 중 발생하는 문제를 수학이 해결해줄 수 있다는 사실을 진즉 알았기 때문이다. 그 결과, 100% 컴퓨터 그래픽으로 만들어진 애니메이션, '토이스토리'는 전 세계 흥행에 성공했다.

수학을 통한 잡스의 성공은 계속 이어졌다. 1997년 애플의 CEO로 복귀한 잡스는 가장 중요하게 여기던 'Simple is the best'를 스마트폰 개발에 접목시켰다. 수학에서 기호와 식으로 간결함을 추구하는 것처럼 버튼을 최소화해 디자인을 단순화시켰다.

이렇듯 수학을 창조의 기본 가치로 여겨 애플을 세계 시가총액 1위 기업으로 만들어낸 잡스! 2011년 안타깝게 세상을 떠나며 그가 물려준 재산만으로 그의 부인은 세계 부호 45위에 이름을 올렸다.

Q&A

Q01 **'수학'으로 부자가 된 애플의 스티브 잡스 이외에 수학으로 성공한 사람이 있다면?**

유명 경제잡지에서 발표한 세계 부자 순위를 보면 마이크로소프트 창업자 빌 게이츠Bill Gates 재산이 한화 약 97조 원으로 1위, 워런 버핏Warren Buffett 버크셔해서웨이 회장이 약 85조 원으로 2위, 아마존의 CEO 제프 베조스Jeffrey Preston Bezos 회장이 82조 원으로 3위다. 이렇듯 성공한 기업가는 하나같이 수학을 기업경영에 중요하게 생각했고, 수학으로 기업혁신과 함께 엄청난 명예와 부를 축적했다.

빌 게이츠는 하버드대 법학과에 입학한 이후 수학의 중요성을 느껴 수학과로 전과했다. 수학적 사고력으로 마이크로소프트를 설립했고 '윈

도즈[Windows]' 시리즈를 개발했다. 빌 게이츠는 '수학은 마법의 도구처럼 수많은 분야에 쓰인다', '수학은 과학의 언어다'라는 유명한 말을 했다. 그는 일선에서 은퇴한 다음에도 수학 교육에 앞장서고 있다. 하버드대 수학과 출신인 스티브 발머[Steve Ballmer] 마이크로소프트 공동창업자는 은퇴 이후 미국 프로농구팀 LA 클리퍼스를 사들여 구단주가 됐다. 스티브 발머가 이 구단 또한 수학적으로 어떻게 꾸려갈지 벌써 궁금해진다.

구글 공동창업자 세르게이 브린[Sergey Brin]은 컴퓨터공학을 전공하고, 스탠퍼드대에서 응용수학으로 석·박사 학위를 받았다. 그는 수학 알고리즘으로 핵심 기술 '페이지 랭크'를 통한 정교한 검색엔진을 개발, 세계 최고의 검색 사이트를 만들었다. 이 기술은 해당 웹사이트의 내용을 많이 인용했거나, 같은 검색어를 입력한 사람이 많이 방문할수록 그 사이트의 점수를 올려 정확도를 높였다. 회사명 '구글'도 10의 100제곱이란 '구골[Googol]'에서 오타가 난 것으로 전해진다.

Q02 수학의 재미와 중요성 이외에도 '수학으로 인생역전'하면 경제와 연관되지 않을까?

MIT대 수학 교수였다가 유명 헤지펀드 회사 르네상스 테크놀로지의 창업자가 된 제임스 사이먼스[James Simons]는 '수학이론지식을 현실에 적용하고 싶다'는 생각 하나로 교편을 놓고 월가로 갔다. 그는 월가에 입성하자마자 수학적 분석으로 정교하게 미래의 가격을 예측하는 모델, 상황 변동에 따라 컴퓨터가 자동으로 투자를 결정하는 퀀트펀드라는 투자모델을 만들었다. 즉 컴퓨터로 1초에 수백, 수천 번의 매매주문이 가능해졌다. 또한 가격을 판단해 고평가면 매도하고 저평가이면 매수해 초과이

익을 추구하는 수학적 방법을 통한 거래로 순식간에 억만장자가 됐다.

르네상스 테크놀로지에는 수학을 중요시하는 사이먼스 대표의 생각으로 수학, 통계학, 전산학 박사들이 함께 일한다. 사이먼스 대표의 순자산은 17조 원에 달하는데, 그는 수학교육을 지원하는 비영리단체도 설립할 만큼 수학을 중요하게 생각한다.

헤지펀드 매니저 존 오버덱John Overdeck은 세계 최고의 수학왕을 가리는 대회에서 대학교수와 수학자를 모두 제치고 1등을 차지했다. 그는 주식이나 선물 가격을 수학적으로 예측하여 무려 순수익률 57.55% 달성이라는 업계 최고를 기록하며 단숨에 400대 부자에 이름을 올렸다.

Q03 빌 게이츠, 스티브 잡스, 제임스 사이먼스 등을 보니 수학적 사고력은 정말 중요하다

넷플릭스Netflix CEO 리드 헤스팅스Wilmot Reed Hastings Jr.는 일상생활 속 불만을 그냥 지나치지 않고 수학적 사고력을 통해 해결한 일이 있다. 그는 동네 DVD 대여점에서 영화 DVD를 빌린 다음 돌려주는 걸 잊었다가 4만 원이나 되는 연체료를 내게 됐다. 그 돈이 아깝게 느껴진 그는 순간 '연체료 없는 온라인 DVD 대여점을 만들면 어떨까' 하는 아이디어가 떠올랐다. 여기에 수학적 분석으로 '회원들에게 각자가 좋아할 만한 영화를 추천해주는 서비스까지 함께 제공하자'는 생각도 더했다. 이 작은 아이디어로 성장한 넷플릭스는 지금까지 전 세계 2억 명이 넘는 회원들에게 영화 관련 정보를 제공하는 건 물론, 이제 온라인 방송에까지 진출하는 큰 회사로 성장했다.

02 독특한 수학적 발상의 전환, 이그노벨상

우리가 잘 아는 노벨상은 인류 발전에 공헌을 한 사람에게 주는 권위 있는 상으로 유명하다. 하지만 그와는 다른 의미로 노벨상만큼 주목받는 상으로 이그노벨상^{Ig Nobel Prize}이라는 게 있다. '이그^{Ig}'는 '명예롭지 못한 진짜^{Improbable Genuine}'라는 단어의 약자다. 매년 노벨상이 발표되기 직전 미국 하버드 대학교 샌더스 극장에서 열리는 희한한 과학상인 이그노벨상은 과학 잡지 편집진과 과학자들이 주는 엽기 과학상이다. 수상자 선정의 공식 기준은 '다시 할 수도 없고 해서도 안 되는 업적'이다. 시상 부문은 평화·사회학·물리학·문학·생물학·의학·수학·환경보호·위생 그리고 여러 학문 분야와 관계가 있는 연구 등 총 10개 분야다.

마크 에이브러햄스(Marc Abrahams, 이그노벨상 창시자)

이그노벨상의 창시자 마크 에이브러햄스는 하버드대 응용수학과를 졸업하고 컴퓨터 소프트웨어 회사를 이끌면서 틈틈이 과학에 대한 풍자적인 짧은 글을 썼지만, 마음에 드는 출판사를 찾지 못했다. 그는 〈재현할 수 없는 결과에 관한 저널Journal of Irreproducible Results〉이라는 과학 유머 잡지에 글을 기고하기 위해 문의하다가 그 잡지의 편집자가 되었고, 잡지가 망한 이후 〈황당무계 연구 연보Annals of Improbable Research〉를 창간하며 1991년 이그노벨상을 만들었다.

노벨상을 패러디한 이 상은 '불명예스러운'이라는 뜻의 '이그 노블ignoble'과 노벨상이 합쳐진 말이다. 이그노벨상은 단순히 노벨상 패러디를 넘어선 무언가가 있고 그 수준도 무시할 수 없다. 이그노벨상의 수상 조건은 세 가지로 첫째, 대다수 사람들이 그 존재를 알지 못해야 한다. 둘째, 사람들이 듣자마자 곧바로 푸하하하(살려서) 웃어야 한다. 셋째, 그들이 웃었던 사실에 대해 호기심을 갖고 생각을 해야 한다.

예를 들어, 단체 사진을 찍을 때 눈 감는 사람들 때문에 몇 번이고 다시 찍었던 경험은 누구나 있을 것이다. 눈 감은 사람이 한 명도 없는 단체 사진을 남기려면, 최소한 몇 장을 찍어야 할까? 조명 상태가 좋고 사람이 20명 이하일 때는 사람 수를 3으로 나눈 수만큼 촬영하면 된다고 한다. 즉 15명이 밝은 야외에서 단체 사진을 찍는다면, 사진을 5번 찍어야 모두 눈뜨고 있는 사진 한 장이 나온다. 눈 깜빡임 사이의 간격과 눈 감는 지속 시간 등을 기준으로 한 수학적 계산을 통해서 알아낸 연구팀은, 이그노벨상 수학상을 수상했다.

실제로 2000년도에 이그노벨상 물리학상을 받은 안드레 가임^{Andre} ^{Geim} 영국 맨체스터대 교수는 10년 후, 그래핀 소재 연구로 진짜 노벨 물리학상을 탔다. 마치 메뚜기 탈을 썼던 개그맨 유재석 씨가 국민 MC로 거듭난 것처럼 말이다. 그래서인지 이그노벨상은 상금이 단 한 푼도 없지만 자비까지 들여서 시상식에 참가하는 사람이 늘고 있다고 한다.

Q&A

Q01 이그노벨상 수상은 조건이 까다롭지도, 불명예스럽지도 않으니 그것만으로도 충분한 의미가 있지 않을까?

사실 노벨상에는 없지만, 이그노벨상에는 수학상이 존재한다. 기발한 발상은 수학적 사고력과 직결되어 있다. 인도의 한 대학교수는 인도코끼리 몸의 일부 길이로 몸 전체의 표면적을 계산하는 방법을 개발해 이그노벨상 수학상을 받았다. 인도코끼리 24마리를 대상으로 바닥에서 어깨까지의 높이와 앞발굽의 둘레로 코끼리 몸 전체 표면적을 예측하는 수학적 모델을 만들었다.

영국의 버트 톨감^{Bert Tolkamp} 박사는 암소 73마리의 다리에 센서를 붙이고, 앉아 있는 소가 누웠다 일어나는 시간을 컴퓨터로 측정하여 통계를 냈다. 그 결과 암소는 누운 지 15분 정도 지난 시점에서 일어설 확률이 가장 높았다고 결론을 냈으며 이를 통해 이그노벨상 수학상을 탔다. 이 연구는 암소의 건강 상태를 확인하는 데 쓸모 있는 기초자료가 된다는 점에서 충분히 '의미'가 있었고, 이그노벨상의 취지에도 꼭 맞았다.

Q02 사람들의 생활이나 먹거리에 관한 연구가 많이 수상하지 않았을까?

'커피에 비스킷을 찍어 먹는다면 어느 때 비스킷이 가장 맛있어질까?' 이 문제를 수학적으로 검증한 사람 역시 이그노벨상을 받았다. 비스킷의 구멍 크기, 커피의 점도 및 표면장력, 커피에 담그는 시간 등을 변수로 두고 계산하여 비스킷이 가장 맛있어지는 시간을 알아냈다. 이를 통해 생강 비스킷은 약 3초간, 다이제○○○ 같은 크래커는 8초 정도 적셨을 때 가장 맛있고, 한쪽 면에 초콜릿을 입힌 비스킷은 초콜릿 면을 위로 향하게 하여 적시는 것이 좋다는 사실을 밝혀냈다. 이 연구에는 특히 여성 위원들의 표가 대다수였던 것으로 알려진다.

이그노벨상의 유체역학 부문에서는 '걸을 때 커피가 쏟아지는 이유'를 연구하여 15페이지 분량의 논문으로 발표한 당시 고등학생이던 우리나라의 한지원 씨가 수상했다. 와인잔에 담긴 커피에 진동을 가하면 표면에 잔잔한 물결이 생기는 반면 원통형 머그잔에 담긴 커피는 쏟아지는 현상을 통해서, 컵 모양에 따라 유체 운동이 달라진다는 사실을 밝혀냈고, 컵 윗부분을 손으로 쥐고 걸으면 공명 진동수가 낮아져 커피가 덜 튄다고 설명했다. 이 연구도 세계인의 기호식품인 커피에 대한 정보를 준 의미로 수상했다.

Q03 평소 무심코 지나치는 것들을 포함한 모든 소소한 분야가 수상 후보가 되는 걸까?

독일의 한 물리학자는 제자들과 함께 시간에 따라 맥주 거품이 어떻게 감소하는지를 연구해 이그노벨상을 탔다. 그들은 6분 동안 15차례를 측정하면서, 맥주 거품 감소가 지수함수를 따른다는 결과를 알아냈다. 사실 이것은 단순한 연구일 수도 있지만, 맥주가 비교적 저렴하고 친근한 소재라 제자들의 실험 동기를 적극적으로 유발하는 장점으로 작용한 듯하다.

한편, 희망의 메시지를 줬다는 이유로 이그노벨상 수학상을 탄 사례도 있다. 아프리카 국가인 짐바브웨에 갑자기 100조 달러짜리 지폐가 등장했는데, 이는 한국 돈 100원이 갑자기 100억으로 뛴 것과 똑같은 수치다. 이 돈을 발행한 짐바브웨 중앙은행장은 짐바브웨 국민에게 큰 숫자에 대한 두려움을 극복할 수 있다는 희망을 준 공로로 이그노벨상 수학상을 받았다. 다만 짐바브웨는 2018년 초 100조 짐바브웨달러를 1달러로 낮추는 개혁을 단행하여 원래대로 돌아갔다. 이렇게 현실성이 부족해도, 의도가 좋고 많은 사람들에게 희망을 주면 상을 받는다.

03 생활 속의
특이한 수학공식

조금 더 쉽게 다가가면 재미있는 공식도 만들 수 있다

항상 수학을 공부할 때면 여러 공식들을 외워 대입하느라 머리가 지끈지끈 아프다. 그런데 지금까지 교과서에서 볼 수 없었던 색다른 공식이 있다는 것을 아는가?

군침 도는 맛있는 음식들. 하지만 대충 만든다고 음식이 다 맛있는 건 아니다. 음식을 만드는 데 가장 중요한 것은 손맛이다. 그렇다면 완벽한 음식을 만드는 데 필요한 수학 공식은 무엇일까?

먼저, 여성들이 좋아하는 디저트인 크림 티 스콘을 살펴보자.

영국 셰필드대학 The University of Sheffield 유지나 챙 박사는 완벽한 스콘을 만들기 위한 크림 티 스콘을 만드는 방정식을 발표했다. 스콘의 지름, 재료의 중량 비율에 따라 수많은 크림 티 스콘을 만들며 실험한 결과,

가장 맛있는 스콘을 만드는 공식을 개발해냈다.

가장 맛있는 스콘 만드는 공식

응고된 크림의 두께
$$\frac{r^3}{8(r-1)^2}$$

잼의 두께
$$\frac{3r^3}{40(r-\frac{1}{2})^2}$$

수학자가 제안하는 맛있는 스콘의 비밀은 이 공식에 들어있다. 유지나 챙 박사는 스콘에 이어서 완벽한 피자를 만드는 공식까지 개발해냈다.

완벽한 피자를 만드는 공식

$$\frac{t}{d} = \frac{r^6}{40(r^3-15)^2}$$

d = 도우 부피
t = 토핑 부피
r = 피자 반지름

여러분도 나만의 특별한 공식을 만들어 보는 건 어떨까?

Q01 이런 특이한 공식을 만들어낸 수학자가 많이 있을까?

그렇다. 이런 수학 공식은 사람마다 만들기 나름인 것 같다. 각자가 관심을 두는 분야에 대해서 어떤 수치와 기준을 정해야겠다고 생각하면 그에 맞는 공식을 만들 수 있을 것 같다. 영국 킹스 대학 King's College 수학자들은 역대 가장 무서웠던 공포영화 10편을 분석하여 공포 수치를 알려주는 수학 공식을 개발했다. '이런 것들은 공포심을 높인다' 혹은 '이런 것들은 공포심을 낮춘다'는 것들로 분류를 했을 것이다. 이런 다양한 수치를 활용하여 공포 수치를 알려주는 공식에 적용했다.

공포 수치를 알려주는 수학공식

$$(es+u+cs+t)^2+s+\frac{(tl+f)}{2}+\frac{(a+dr+fs)}{n}+sinx-sp$$

서스펜스 / 환경 / 진부한 장면 / 사실성 / 피

이 수학 공식에서 특히 서스펜스 요소의 경우는 공포영화의 가장 중요한 요소인 '음악'과 관련이 깊다. 으스스한 분위기의 음악, 미지의 등장인물, 추격 신, 함정에 빠지는 신 등 여러 요소를 고려하여 만들었다. 그다음으로는 피의 양도 중요하다. 그렇다고 피가 너무 많아도 공포심이 떨어진다. 적당한 피는 공포심을 유발하지만, 피가 너무 많이 나면 오히려 공포심이 떨어지는 결과를 보여 이는 사인함수^{Sine}와 비슷하다는 것을 찾아냈다. 그래서 사인함수를 이용해 공포를 느낄 만한 피의 양을 산출하여 공식을 만들었다.

그밖에도 공포심을 주는 환경 요인으로는 혼자가 된 주인공, 어둠 속 장소 등이 있다. 영화 제작에 관련된 분들은 이런 수학 공식을 참고해 영화를 제작하면 좋을 것 같다.

Q02 영국 킹스대 수학자면 대단한 사람들인데, 얼핏 보기에 쓸데없는 이런 연구를 왜 할까?

수학자들은 정말 세상의 많은 곳에 관심을 두고 연구를 하고 있다. 그래서 '세상에 쓸모없는 연구는 없다'라는 수학자의 말도 있다. 현대 컴퓨터 이론의 아버지인 앨런 튜링$^{\text{Alan Turing, 1912~54, 영국}}$은 수학자, 논리학자, 암호학자다. 튜링은 컴퓨터의 기본이 되는 '튜링기계'를 고안해냈다. 튜링에 대한 이야기는 영화 〈이미테이션 게임〉(2015)으로 만들어져 우리나라에서도 개봉되었다.

튜링은 동물과 관련된 특별한 공식을 만들었다고 전해진다. 그는 '왜 동물의 몸에는 다양한 무늬가 있을까?'를 생각하며 의문을 품었고, 동물 몸에 나타난 세로줄, 가로줄, 점 등 다양한 무늬를 보고 연구를 시작했다. 그 결과, 동물 몸속에는 털 색깔을 발현시키는 화학물질 멜라닌, 그리고 이를 확산시키고 억제하는 확산제와 억제제가 존재하는데 이들의 상호작용에 따라 피부 표면에 다양한 무늬가 발생한다는 것을 찾아냈다. 그 결과를 튜링은 반응-확산 방정식으로 정리하여 논문으로 발표했다. 또 이것을 영국 옥스퍼드 대학의 수학자 제임스 머리$^{\text{J. Murray}}$가

반응-확산 방정식의 해는 태아의 크기에 따라 달라지고, 그 결과가 점 무늬인지, 줄무늬인지를 증명했다. 생명공학자가 아닌 수학자의 의미 있는 연구라고 할 수 있다.

이밖에 테러가 언제 일어날지 날짜를 예측하는 공식, 야구 경기에서 투수가 얼마나 피곤해하는지 그 피로도를 수치로 나타내는 공식도 찾을 수 있었다.

Q03 또 다른 특이한 수학 공식이 있다면?

영국 옥스퍼드 대학교와 미국 워싱턴 대학교의 공동연구로 부부가 행복하게 살 기간을 예측하는 수학 공식을 개발했다. 일단 갓 결혼한 700쌍의 부부에게 돈이나 사랑 등 다양한 주제를 주고 약 15분간 토론을 하게 했다. 그래서 대화 가운데 긍정적인 말에는 +4점, 부정적인 말에는 -4점을 주는 방식이다. 예를 들어, 상대방에게 '멍청이~'라고 그러면 -4점, '사랑해~'라고 그러면 +4점을 주는 식이다.

이렇게 해서 15분간의 대화를 통해 나온 말의 수치를 그래프화한 후 분석하여 부부생활 예측 방정식을 개발했다. 그다음에 이 방정식으로 푼 계산이 얼마나 잘 맞는지 확인하기도 했다. 그래서 연구팀은 연구에 임했던 부부들에게 약 12년간 전화를 걸어서 행복하게 잘 사는지 확인을 했다. 1~2년에 한 번씩 전화해 여전히 잘 살고 있는지, 혹시나 이혼하진 않았는지 조사를 했는데, 방정식으로 예측한 결과가 94% 정도 일치했다고 한다.

이 연구를 통해 백년해로할 가능성이 높은 부부는 서로의 장점에 관심이 많은 경우라고 밝혔다. 이는 단순한 수학 공식을 넘어선 의미 있는 연구라 볼 수 있다.

Q04 '행복'이라는 추상적인 개념을 공식화한 수학자들이 대단한데, 그 외에 다른 공식은?

2007년에 영국 레스터 대학교 응용수학과 대학원생이자 녹색 운동가인 워릭 듀마Warwick Dumas는 낭비를 막기 위한 최소한의 포장지 사용 공식을 만들었다. 가로(ⓐ), 세로(ⓑ), 높이(ⓒ)를 정해서 일반 도형 넓이 공식이 아닌 포장하는 방법을 고려한 공식이다. 이게 차원을 넘어가면 고차원의 수학이 되기는 하지만, 사실은 쉽게 계산해볼 수 있는 최소 포장지 면적 공식이다.

포장지 재료를 줄이는 이 방식은 기업 입장에서 비용 감소를 위해 매우 중요하다. 따라서 환경 보호와 기업의 이익 면에서 유용한 자료가 될 연구로 볼 수 있다.

이런 내용은 의미가 있고 쓸모도 있으며 수학적으로 연구해볼 가치도 있다. 단순히 수학 공식으로서의 재미뿐만 아니라 의미 있게 받아들여 이런 연구가 지속적으로 이어진다면 앞으로 우리가 사는 세상은 더 편리하고 좋아질 것이다.

우리 생활 곳곳에 정말 기발하면서도 의미 있는 특이한 수학 공식들이 많이 들어있다는 사실을 알 수 있다. 수학 저편에는 수학자와 공식이 숨겨져 있고, 수학자의 연구로 더욱 편리해지는 생활을 살고 있다는 것을 우리 친구들도 기억하자.

04 수학적 논리로 다시 보는 동화

'토끼와 거북이' 이야기의 수학적 진실

우리가 잘 아는 이솝 우화의 이야기 중에 토끼와 거북이 이야기가 있다. 내용으로 들어가 보면, 어느 날 토끼가 거북이를 '느림보'라고 놀려대자, 거북이는 자극을 받고 토끼에게 달리기 경주를 제안한다. 경주가 시작되자마자 쏜살같이 앞장서 달리던 토끼는 거북이가 한참 뒤처진 것을 보고 안심하면서 중간에 낮잠을 잔다. 한편 거북이는 목표를 향해 쉬지 않고 열심히 달려갔다. 그래서 거북이를 얕잡아보고 방심하던 토끼는 결국 달리기 경주에서 지고 말았다.

자만하지 말고 무엇이든 열심히 하고, 어려워도 끝까지 도전하다보면 성공할 수 있다는 교훈을 주는 명작 동화다. 하지만, 이런 것도 궁금하지 않을까?

'만약, 토끼가 잠에서 깨어나 거북이를 뒤쫓는다면, 토끼는 거북이를 추월할까, 아니면 그대로 거북이의 승리일까?'

토끼가 거북이를 따라잡을 시간은?

토끼의 속력 : 1m/s

거북이의 속력 : 0.1m/s

토끼와 거북이의 속력이 초당 각각 1m와 0.1m이고, 토끼가 거북이보다 100m 뒤쳐졌을 때, 다시 달리기를 시작했다고 가정해보자. 뒤처진 토끼가 앞서가는 거북이의 위치까지 올 시간을 생각하면 된다. 이때 빠른 토끼가 느린 거북이를 따라잡는 시간은 점점 줄어들게 되는데 이렇게 시간을 계속 더하면 약 111.1, 즉 1분 51초 만에 토끼가 거북이를 따라잡게 된다.

토끼에게 무언가 일어나지 않는 이상, 실제로 토끼가 거북이에게 지지 않는다는 수학적 결론이 나온다. 이처럼 평범한 동화를 새로운 시각으로 재구성해 수학적 논리로 풀어봐도 좋다.

Q01 낮잠 자는 사이 역전한다는 게 비논리적이지만, 교훈을 주는 명작을 이렇게 바꿔도 될까?

명작을 신선한 방법으로 재해석하고 의심하는 것은 수학적 사고력을 향상시키는 데도 좋다. 토끼와 거북이 이야기 말고도, 수학적으로 접근하면 내용이 바뀔 만한 재미있는 이야기가 있다. 독일의 그림 형제 ^{Brüder} _{Grimm}가 쓴 동화 〈헨젤과 그레텔〉이다. 숲속에 어린 남매가 버려질 뻔했는데, 똑똑한 오빠 헨젤이 숲으로 들어가면서 조약돌과 빵 부스러기를 길에 조금씩 흘리고, 그걸 보며 집으로 돌아온다는 내용이다. 이게 과연 현실적으로 가능할까?

먼저, 오빠 헨젤은 동생 그레텔과 함께 계모의 뒤를 따라 출발하기 전에 조약돌과 빵을 얼마만큼이나 준비해야 했을까? 동화를 바탕으로 하면 먼저 출발 시간이 이른 새벽이라고 했으니까 새벽 5시로 가정한다. 그리고 약 5시간을 이동했다고 생각해볼 때 아이들이 걷는 속도를 2.1km/h라고 가정해본다. 그러면 돌아가야 할 거리를 계산할 수 있는데, 대략 10.5km가 나온다.

그렇다면 10km가 넘는 거리에 얼마나 많은 조약돌을 떨어뜨려야 그걸 보고 되돌아오는데 아무런 문제가 없을까? 최대 5m 간격으로 조약돌을 일정하게 떨어뜨렸다고 해도, 조약돌의 개수는 무려 약 2,100개가 필요하다는 계산이 나온다. 그 부피만으로도 어마어마하지만 이걸 남매가 주머니에 나누어 넣는다고 해도 현실적으로는 불가능한 이야기일 수밖에 없다.

헨젤과 그레텔이 돌아갈 거리

[공식] $S = v \times t$

(S : 이동 거리, v : 걷는 속도, t : 시간)

이 공식에서 v와 t를 알면 숲속에서 집까지의 거리를 알 수 있다. 통계적으로 10살 전후 아이의 걷는 속도는 3km/h이지만, 숲속에서는 평소의 70% 속도로 걷는다고 해보자. 그렇다면 3km/h×0.7 = 2.1km/h가 되고, 두 남매가 돌아가야 할 거리는 대략 10.5km가 나온다.

남매가 사용한 빵도 돌과 같은 방식으로 계산해보면 최소한 2,100번을 떨어뜨려야 할 텐데, 그때 빵 추정 높이는 무려 84cm가 나온다. 또한 빵이 사람 눈으로 식별할 수 있으려면 최소 부피가 1cm³가 되어야 한다. 매번 똑같은 크기와 5m 간격으로 떨어뜨린다고 가정했을 때, 조약돌 계산에서 보듯 5시간 동안 10.5km를 걸으며 2,100번 뜯어서 떨어뜨릴 빵의 부피는 최소한 2,100cm³가 된다. 바게트 빵으로 생각하면 가로 5cm, 세로 84cm, 높이 5cm로 너무 크다.

Q02 이처럼 수학적 교훈을 얻을 만한 내용이 들어간 이야기가 또 있을까?

〈헨젤과 그레텔〉을 쓴 그림 형제가 지은 작품 〈라푼젤〉도 수학적으로 생각해볼 수 있다. 마법사 때문에 높은 탑 안에 갇혀 지내면서 라푼젤은 어느덧 12살이 된다. 어느 날 왕자가 라푼젤의 노랫소리에 반하게 되고, 만나고 싶다는 왕자의 청원에 라푼젤은 한참을 고민하다가 자신의 긴 머리카락을 풀어 탑 아래로 내렸고, 이를 타고 올라갔다. 이게 가능할까?

우선, 머리카락을 12년 동안 자르지 않고 길렀을 때의 길이를 알아보자. 머리카락이 하루에 0.4mm씩 자란다고 가정했을 때, 12년간 자란 길이는 12년×365일×0.4mm로 1.752m가 나온다. 이는 성인 평균 남자 키 정도로 흔히 예상하는 것만큼 길지는 않다. 이런 논리라면, 탑 높이도 생각보다 낮을 수밖에 없다. 라푼젤이 머리를 늘어뜨리고 왕자가 머리를 잡는 게 가능하려면 성인 남자가 손을 뻗었을 때의 길이를 2m라고 계산해도 탑 높이는 겨우 3.7m 정도다.

그리고 단순히 머리칼을 잡는다고 해서 해결되는 문제는 아니다. 머리칼을 잡고 올라갈 때 몸이 버텨줄 수 있을까? 조선 시대 13세의 신부가 10kg 가체의 무게를 못 이겨 목뼈가 부러졌다는 이야기로 볼 때, 비슷한 나이인 라푼젤도 남자 한 명의 무게를 버틸 수는 없을 것이다. 이런 가정과 단서들을 통해 수학적 논리로 유추한다면 합리적인 결론을 내릴 수 있다.

Q03 쉽게 접하는 이야기를 수학적 궁금증과 논리로 접근하면 사고력이 키워질까?

그렇다. 만화 속 주인공, 톰 소여나 아톰, 피구왕 통키 같은 등장인물들의 실제 키는 얼마나 될까? 로보트태권V 등장인물의 조건을 찾아 키를 구해보자. 우선 로보트태권V의 조종사가 탑승하는 제비호 높이를 약 2m로 가정하면, 제비호가 차지하는 공간의 높이는 적어도 2.5m는 된다. 사람의 이마 높이가 대략 11cm이니까 이 단서를 바탕으로 식을 만들어보자.

사람의 이마 높이 : 사람 키 = 로보트태권V 이마 높이 : 로보트태권V 키

또 다른 방법으로는 사람의 평균 신체를 대개 6등신이라 가정하고, 앞서 로보트태권V의 이마 높이가 2.5m라고 했을 때, 얼굴 길이는 이마, 코, 턱을 포함할 때 대략 2.5m×3=7.5m로 추정할 수 있다. 그러면 전체 키는 7.5m×6=45m로, 로보트태권V의 키는 45m 정도 된다는 결론이 나온다. 수치의 정확도보다는 주어진 단서를 통해 논리적, 수학적으로 접근하는 것이 더 중요하다.

05 영화 속 표현은 얼마나 현실적일까?

현실과 동떨어진 편집이 시청자의 상상력을 자극한다

'아이들과 함께 즐길 수 있는 여가생활'이라 하면 영화를 빼놓을 수 없다. 잘 만든 영화 한 편은 아이들에게 정말 중요한 깨달음을 준다. 동화를 재해석하여 들려줌으로써 아이들에게 수학에 대한 흥미를 갖게 하듯이 영화로도 충분히 그럴 수 있다.

수학적 사고력을 높이는 좋은 수단의 하나가 영화로, 수학 관련 영화를 보는 것도 도움이 된다. "저긴 CG를 활용하지 않았을까? 어디까지가 CG이고 어디까지가 실제일까? 네가 만든다면 이야기 전개를 어떻게 바꿔볼래?" 또는 "차원을 넘나드네? 저런 게 정말 가능할까?"… 영화를 볼 때나 다 보고난 뒤에 관련 이야기를 나누면 아이들의 상상력과 사고력을 키워줄 수 있다.

영화를 보기 전에 영화 포스터를 먼저 보는 것도 재미있다. 영화의 전체적인 분위기나 감각을 단 한 장으로 표현하는 포스터! 그 포스터를 보면 영화가 어떤 내용을 담고 있고 어떤 분위기로 흘러갈지 짐작할 수 있다. 2018년 7월에 개봉한 드웨인 존슨^{Dwayne Johnson} 주연의 〈스카이스크래퍼^{Skyscraper}〉라는 영화가 있다.

포스터를 보면 주인공 드웨인 존슨이 높은 철골 구조물 위에서 건너편 빌딩으로 뛰어내리고 있다. 이 포스터를 본 미국의 한 이과생은 이것이 수학적으로나 물리적으로 가능한 점프인지 궁금하여 수학으로 계산해봤다고 한다. 우선 포스터에 나온 배우의 실제 키를 알아낸 다음, 그 키를 기준으로 철골 구조물부터 건물까지의 길이를 계산했다. 그리고 배우의 위치와 자세, 방향을 보고 각도를 계산했다. 그러자 시속 46km의 속도로 뛰어야 건널 수 있다는 결과가 나왔다. 즉 포스터상의 점프는 불가능하다는 뜻이다.

그런데 이때, 또 다른 이과생이 이 내용을 보고 드웨인 존슨의 점프를 몇 개의 포물선으로도 예측했다. 빨간 선은 위로 점프했을 때, 초록선은 앞으로 점프했을 때를 나타내고, 노란 선은 달리기 선수 자세로 뛰어갔을 때를 나타냈다. 하지만 어느 방식을 택하든 결과는 마찬가지로 추락이었다.

여러분도 영화를 보기 전에 해당 영화의 포스터를 보고 '이게 수학적으로 가능한 포스터인가?' 한번쯤 계산해보는 건 어떨까?

Q01 재미있는 영화를 보면서 수학적 사고력 키울 수 있는 방법이 있을까?

2017년 1월 중순에 개봉한 〈다운사이징Downsizing〉이란 영화는 180cm 키에 70kg 몸무게의 주인공이 환경오염을 막고 지구를 살린다는 의미에서 다운사이징 시술을 받고, 키는 1/14로 줄어들어 12.7cm가 된다. 진짜 사람이 그렇게 작아진다면 살 수 있을까? 바람만 불어도 날아갈 것 같다. 가능과 불가능의 여부를 수학을 이용해 결론 내릴 수 있다. 영화에서 다운사이징 시술 전후의 키 비율(L)은 1/14이고, 부피의 비율(L³)은 1/2744가 된다. 밀도가 일정하다면 질량은 부피에 비례하므로 몸무게는 25.5g 정도가 되겠다. 몸길이가 이와 비슷한 앵무새의 평균 몸무게가 55g 정도라는 점을 고려하면 다운사이징 시술을 받은 이 사람은 지나치게 가볍다.

물론 몸무게가 대폭 줄어들어도 '슈퍼 파워'의 소유자는 될 수 있다. 동물은 근육의 힘으로 움직이고, 근육의 힘은 그 단면적에 비례한다. 따라서 근육 모양이 그대로인 상태에서 몸 크기가 1/2로 작아지면 근육의 단면적은 1/4로, 힘의 세기는 1/4배로 줄게 된다.

이를 생각하면 사람의 키(L)가 1/14로 줄어들 때 근육의 힘(L²)은 1/196로 준다. 대개 사람의 근육은 자신의 몸무게보다 두 배 정도 무거운 물체를 들어 올릴 수 있다. 몸무게가 70kg인 사람은 약 140kg까지 들 수 있는데, 근육의 힘으로 따지면(140kg의 1/196) 다운사이징된 사람은 약 714g을 들 수 있다는 계산이 나온다. 자신의 몸무게(25.5g)보다 무려 28배나 무거운 무게를 들어 올린다는 의미인데, 이는 몸무게에 비해 지나치게 힘이 강해진다는 뜻이다.

결과적으로 사람은 그렇게 작아지면 살 수 없다. 원인은 체온으로, 몸에서 생산되는 에너지보다 체외로 발산되는 에너지가 14배 더 많아 체온을 일정하게 유지하기가 어렵기 때문이다. 강한 힘을 갖는 동시에 곧바로 저체온증에 걸리고 말 것이다.

Q02 조승우 주연의 〈말아톤〉에서는 물도 안 마시고 계속 달리는데 괜찮을까?

괜찮지 않다. 2005년에 개봉한 영화 〈말아톤〉을 예로 들어보자. 실제 주인공 초원이는 달리기를 잘하고 좋아해서 마라톤을 하게 되고, 결국에는 완주한다. 하지만 물 한 번 마시지 않고 계속 달리는 등 조금은 어색하다.

마라톤을 하면 1분에 약 $0.17°$씩 체온이 증가한다. 영화 〈다운 사이징〉 경우처럼 체온이 너무 낮아져도, 또 너무 높아져도 문제가 된다. 실제로 마라톤을 하면 체온조절을 잘 해야 한다. 체온을 유지하려면 10분에 약 0.2L의 물을 마셔야 하는데 영화에서 초원이는 물을 한 모금도 먹지 않고 달린다. 영화상에서 초원이가 3시간에 걸쳐 뛰었다고 가정한다면 180분이니까 0.2×18을 하면 된다. 최소 3.6L의 물을 마셔야만 체온을 유지하면서 뛸 수 있다. 영화는 당연히 편집되었겠지만 실제 상황이라면 물을 안 마시고는 절대로 달릴 수 없다.

달리다가 몇 번씩 계속 멈춰 3.6L의 물을 다 마시는 장면이 나오면, 영화가 아니라 다큐가 되고 흥행은 힘들었을 거다. 〈말아톤〉도 어떻게 보면 열린 결말이다. 초원이의 목표가 마라톤 전체 코스를 3시간 이내에 완주하는 것이었는데, 기록을 달성했는지 모르는 채로 영화는 끝난다.

이런 열린 결말은 아이들의 수학공부에 좋은 소재다. 초원이의 목표인 3시간 안에 들어오려면, '10km를 몇 분에 뛰어야 가능할까' 이런 궁금증으로 계산해볼 수 있다. '지구계수'란 마라톤 주자가 10km나 하프마라톤 기록을 보고 풀 마라톤의 기록을 예측해보는 수치다. 보통 10km의 거리를 뛰었을 때 기록의 4.5~4.6배를 곱한 기록이다. 그러니 초원이가 3시간 안에 들어오려면 180분을 4.5로 나누면 된다. 약 10km를 40분에 끊는다면 목표를 달성할 수 있겠다.

Q03 〈포레스트 검프〉를 보면 15,000마일 정도의 긴 거리를 빨리 뛰었는데 가능할까?

영화에서 검프가 달린 거리는 15,000마일로, 환산하면 약 24,100km이다. 3년 2개월 14일 16시간 동안 달렸다고 했는데, 시간으로는 28,072시간. 거리에서 시간을 나눠보면, 시간당 약 0.8km를 달린 것으로, 이는 걷는 속도보다도 느리다. 이론적으로는 충분히 그 기간에 달리고도 남고 오히려 더 달려도 되는 거리다. 다시 보면 전체 시간에서 잠자는 시간을 하루에 8시간씩 빼서 계산해 봐도 28,072−9,360시간은 18,712시간이고, 시속은 약 1.3km로 이것도 너무 느리다. 여기서 밥을 먹거나 화장실 가는 시간 등을 뺀다고 하더라도 그렇다.

보통 프로 마라톤 선수의 평균 속도는 20km/h이고, 영화에서 검프는 시속 20km는 나올 듯한데 실제 계산에서는 이렇게 나왔다. 아마 영화 제작사 측에서 이런 계산은 하지 않은 듯싶다. 이렇게 수학적으로 접근하다 보면 잘못된 점을 찾는 재미도 사고력을 키우는 데 도움이 된다.

06 머피의
법칙

왜 나한테만 이런 일이?

도저히 논리적으로는 설명할 수 없는 속상한 상황들이 벌어질 때가 있다. 예를 들면, 꼭 내가 타려는 버스는 방금 전에 출발했다든지, 급할 때일수록 차가 막힌다든지 등이다. 또 슬리퍼 신고 머리를 산발한 채 잠깐 슈퍼마켓에 가다가 꼭 좋아하는 여학생을 마주치기도 하고, 세차하면 꼭 비가 오고, 새 운동화 신고 처음으로 집 밖에 나가면 이내 흙탕물 튀고 이런 건 이제 우스운 수준이다.

그렇다면 혹시 이런 말도 안 되는 상황을 수학적으로 설명할 수 있을까?

"오랜 만에 꼬질꼬질한 모습으로 우리 동네 목욕탕을 찾은 날은 한 달에 두 번 있는 정기 휴일이 왜 꼭 걸리는 거야~ 세상에 어떻게 이럴 수가 나는 도대체 되는 일이 하나 없는지~"

– DJ DOC '머피의 법칙'

일어나지 말아야 할 일은 왜 꼭 일어날까! 머피의 법칙은 여러분도 일상에서 경험한 적이 많을 거다. 마트 계산대에서 가장 짧은 줄을 골라 섰건만 잠시 뒤 주위를 둘러보니 내가 선 줄이 가장 길어져 있고, 나보다 늦게 온 사람들이 벌써 계산을 마친 상황! 누구나 한번쯤 겪었을 것이다.

내가 선 줄보다 다른 계산대 줄이 더 빨리 줄어드는 이유는? 그 비밀을 수학적으로 접근해보자. 만약 마트에 3개의 계산대가 있는데 그중 하나의 계산대에 줄을 섰을 때, 내가 선 줄이 가장 빨리 줄어들 확률은 1/3이 된다. 그렇다면 나머지 줄이 더 빨리 줄어들 확률은 2/3가 될 것이다. 내가 서지 않은 줄이 더 빨리 줄어들 확률이 내가 선 줄보다 무려 2배나 높다. 이런 현상은 마트 계산대가 많을수록 더욱 심해진다. 마트에 계산대가 10개가 있을 때 같은 원리로 본다면 내가 선 줄보다 다른 줄이 더 빨리 줄어들 확률은 9배가 높아진다.

늘 다른 줄이 먼저 줄어드는 건 머피의 법칙이 아니라 확률적으로 봤을 때 당연한 일이다. 여러분도 머피의 법칙이 떠오를 때마다 모두에게 마찬가지라는 사실을 기억하면 좋겠다.

Q01 이런 머피의 법칙은 어느 누구에게나 일어난다는 게 수학적으로 증명됐는데?

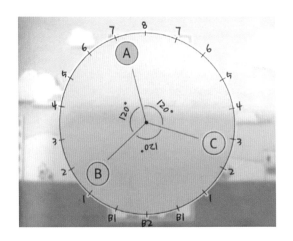

빨리 가야 하는 순간에 엘리베이터는 여러 대 모두 거의 비슷한 층에 머물러 있다. 그런데 이 상황도 수학으로 설명 가능한 자연스러운 현상이다. 이런 경우를 설명하기 위해 지하에서 지상까지 운행하는 엘리베이터 3대를 원 위에 그려 나타내보자. 원을 같은 간격으로 나눠 각각 층을 표시하고, 엘리베이터는 원 위를 움직이는 작은 원으로 표현한다.

3대의 엘리베이터가 모두 같은 방향과 같은 속도로 움직인다고 가정할 때, 세 점은 120°를 유지하면서 원 위를 움직인다. 그런데 현실에서는 이렇게 규칙적으로 서로 맞춰 움직이지 않는다. 만약 4층에 엘리베이터를 기다리는 사람이 많다면, 4층에 먼저 도착한 A 엘리베이터는 많은 사람을 태우므로 4층에 머무는 시간이 길어진다. 4층에서 오래 머문 만큼, 다른 층에서 기다리는 사람이 많아지고 5층과 6층에서도 사람들이 머무는 시간이 길어진다. 운행 속도가 느려진 A 엘리베이터는 정상 속도로 운행하는 B 엘리베이터와 간격이 좁아지고 결국 같은 층에서 만난다. C 엘리베이터도 같은 패턴으로 3대가 모두 한 층에서 만나는 일이 자주 일어나는 것이다. 수학적으로 생각해보면, 불운이 아니라 단순히 확률적으로 높은 상황이 발생한 것이다.

Q02 그런데, 버스는 꼭 내가 기다릴 땐 한참 동안 안 오다가 갑자기 두 대가 몰려온다면?

보통 이런 경우 승객들은 버스 배차 간격을 잘못 조정해서 이런 일이 벌어진다고 생각한다. 하지만 사실 버스는 필연적으로 몰려다닐 수밖에 없다. 이는 엘리베이터 현상과 비슷한데 버스가 하는 일이 단순히 정류장에 도착해 정해진 시간만큼 기다렸다가 다시 출발하는 것이라면, 버스끼리 몰려다니는 일은 절대 일어나지 않는다. 하지만 실제로 버스가 정류장에 도착하면 많은 승객이 오르내리고, 사람마다 버스 승하차에 걸리는 시간도 제각각이다. 더군다나 환승 센터 또는 학교 근처 버스 정류장은 대기 승객이 넘치기도 한다. 그러니까 버스는 노선 어느 지점에서나 운행이 지체될 가능성이 있다. 이를 감안하면 버스는 몰려다닐 수밖에 없다. 이런 과정이 꼬리에 꼬리를 물면, 지체 시간이 눈덩이처럼 불어난다. 반면 지체된 버스 바로 뒤에 오는 버스가 막상 정류장에 도착하면 기다리는 승객이 별로 없다. 그러면 비교적 빨리 출발해서 다음 정류장에 도착한다. 정리해 보면 지체된 버스는 점점 더 지체되고, 빨리 가는 버스는 점점 더 빨라져 결국 두 버스가 몰려다니는 현상이 발생할 수밖에 없다.

　이런 현상은 초기의 작은 차이가 결국 극적인 차이로 이어지는 현상을 설명하는 수학의 카오스 이론으로도 설명이 가능하다. 사람들이 버스에서 승하차하며 생기는 작은 시간 차이가 그 노선에서 운행하는 다른 버스와의 상대적 위치에 영향을 미치고, 앞서 이야기한 연쇄작용으로 머무는 시간은 점점 길어지게 된다. 엘리베이터 상황도 카오스 이론으로 설명할 수 있다.

Q03 복권 당첨 확률도 운이 아니라 수학적으로 설명이 가능할까?

　복권 또한 모두에게 확률적으로 공평하고, 수학으로도 설명할 수 있다. 복권을 사는 대부분의 사람은 지난주에 당첨된 번호를 기억해 뒀다가 그 번호는 잘 안 쓴다. 다른 번호로 시도해야 당첨될 확률이 높아진다는 생각에 그럴 테지만 사실은 그렇지 않다.

　주사위를 예로 들어보자. 주사위를 다섯 번 던졌을 때 만약 6이 한 번도 안 나왔다면 사람들은 '다음에는 6이 나올 거야'라고 생각할 수 있다. 하지만 6이 나올 확률은 사실 처음 주사위를 던질 때와 전혀 다르지 않다.

　즉 과거에 주사위를 던졌던 행동이 미래에 주사위를 던지는 행동에 영향을 미친다고 생각하는 건 논리적 오류다. '야구 선수가 연속해서 세 번 안타를 쳤으니 이번에는 아웃이야' 또는 '삼형제를 낳았으니 막내는 꼭 딸이 태어날 거야…' 이렇게 연속성에 대한 막연한 믿음도 모두 다 오류다. 복권도 당첨될 확률은 여전히 그대로이고 모든 사람에게 공평하다. 이것을 '도박사의 오류(몬테카를로의 오류)'라고 한다.

도박사의 오류는 1913년 8월 모나코 몬테카를로 지역의 한 카지노에서 유래했다. 어느 날 룰렛 게임이 벌어지는 테이블에서 26판 연속으로 검은색이 나왔다. 그랬더니 27번째 판이 돌아갈 때는 더 많은 도박사들이 빨간색에 돈을 걸었다. '이제는 빨간색이 나올 확률이 커졌다'고 확신했다. 하지만 룰렛을 아무리 돌려도 검은색과 빨간색이 나올 확률은 변치 않는다. '나한테만 일어나는 안 좋은 일'이라고 생각하는 대부분의 상황들은 수학적으로 다시 분석하면 이렇듯 누구에게나 공평하다.

머피의 법칙과 반대로 샐리의 법칙도 있다. 샐리의 법칙은 직장에서 지각할 뻔했는데 상사가 아직 안 왔고, 매진 직전에 보고 싶은 영화표를 구매하는 등 우연히 일어나는 행운을 뜻한다. 나에게 일어나는 나쁜 일을 기억하기보다, 좋은 일들을 기억한다면 삶이 훨씬 즐거울 것이다.

"사람은 누구나 문제해결 습관이 있다. 수학적 발견의
원동력은 논리적인 추론이 아니라 상상력이다."

– 리차드 파인만 (Richard Feynman)

6부

직업 속
수학 찾기

01 세상을 바꾸는 사람들 '수학자'

모든 사회적 주요 문제 해결의 근본 바탕은 '수학'

세상은 놀랍도록 빠르게 변화하고 있다. 첨단 기술의 발달로 인공지능이 개발되면서 마침내 '알파고AlphaGo'라는 이름으로 사람과 대결하기에 이르렀다. 이러한 첨단 기술의 배경에는 바로 수학자가 있다. 불과 몇 년 전까지만 해도 '수학자'라는 직업은 많이 알려지지 않았을 뿐더러 그

저 연구하고 어려운 문제를 푸는 일로만 여겨졌다. 하지만 최근 IT, 보안, 의료, 국방에 이르기까지 수학의 쓰임에 한계가 없어지면서 수학자에 대한 관심이 높아지고 있다.

그렇다면 수학자는 어떤 일을 하는 걸까?

인류 발전의 초석은 놀라운 원리를 발견한 수학자다. 과연 수학자는 연구만 할까? NO! 인공지능·주식·무인자동차 등 이 모두가 수학자의 작품이라면? 인류 역사상 가장 오래된 글자인 '숫자'. 숫자의 발견으로부터 시작된 '수'에 대한 호기심은 수의 법칙을 발견하는 수학자를 낳았고, 그런 수학자들이 발견한 수의 법칙 위에 현대사회가 세워졌다.

몇 년 전 세상을 떠들썩하게 하며 인공지능 알파고가 탄생했다. 알파고야말로 수학자의 치밀한 계산의 산물이다. 기술의 발달로 수학자의 역할이 날로 중요해지고 있다.

수학 연구를 위한 국가기관으로는 대전광역시 유성구 전민동에 위치한 국가수리과학연구소가 있다.

박형주 전 국가수리과학연구소장은 국가수리과학연구소를 이렇게 소개한다.

"국가수리과학연구소는 수학의 전 분야를 연구하는 국제연구소이다. 연구소는 첫 번째로 전통적인 순수수학뿐만 아니라 수학에서 모르는 영역을 새롭게 이해해나간다. 두 번째는 세상 문제, 산업 문제, 과학기술 문제, 우리 일상생활에서 생기는 문제 가운데 아직 풀지 못한 것들을 수학적 지식으로 해결하는 일도 한다."

국가수리과학연구소는 융합수학연구부와 산업협력연구부로 구성되어 있다. 융합수학연구부에서는 알파고와 같은 인공지능에 사용되는 빅 데이터 분석 모델을 개발한다. 사물인터넷 이 발달하면서 해킹 위험을 막는 암호보안 분야와 MRI, X-RAY와 같은 의료영상을 역학

*사물인터넷(Internet of Things) 스마트폰, PC, 자동차, 냉장고, 세탁기 등 모든 사물이 인터넷에 연결되는 것

적으로 풀어 선명한 화질로 보게 하는 의료영상도 연구하고 있다. 한편 산업협력연구부에서는 새로운 화두가 된 산업 수학에 발맞춰 기업에서 발생할 여러 기술적, 수학적 문제들을 해결한다.

정보화 사회를 맞아 사물인터넷의 사용으로 정보가 무선으로 전달됨으로써 해킹에 의한 개인정보 노출이 많아지고 있다. 사물인터넷이 급격

국가수리과학연구소는 수학의 전 분야를 연구하는 국제연구소입니다.

하게 발달한 최근 5년간 해킹이 더 잦아지면서 개인정보가 범죄에 노출되는 일이 늘어나고 있다. 실제 당뇨에 걸린 보안전문가가 사물인터넷을 통해 병원 시스템에 접속하여, 처방된 인슐린의 양을 마음대로 조정한 사건이 있었는데 이는 보안의 중요성을 일깨워주는 핵심적인 일례이다.

전송되는 정보를 보호하려면 암호는 필수다. 그리고 그 암호의 알고리즘을 설계하고 만드는 사람이 바로 수학자다. 그렇다면 왜 수학자가 암호를 설계할까?

암호설계에 사용되는 수학 원리는 인수분해다. 인수분해로 만들어진 수, 즉 합성수로 암호를 만든다. 이때 만들어진 숫자가 커질수록 다시 인수분해를 하기가 어렵기 때문에 암호화에 이용될 수 있다.

다양한 산업이 등장하고 전자상거래가 등장함에 따라 암호기술이 요구된다. 암호기반기술 연구실에서는 다양한 수학적인 문제로 새로운 암호 알고리즘을 개발하고 안전성을 분석하는 일을 한다. 암호설계에는 어렵다고 알려진 다양한 수학적 문제가 필요한데 암호알고리즘을 설계하고 안전성까지 분석하는 것이 중요하다. 현재의 암호알고리즘은 보안에 안전하지 않기 때문에 양자컴퓨터 이후의 안전한 암호알고리즘을 설

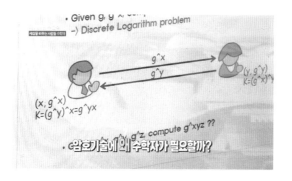

양자컴퓨터

계하고 분석하는 연구가 행해지고 있다.

양자컴퓨터가 상용화되면 슈퍼컴퓨터가 150년에 걸쳐 처리하는 문제를 단 4분 만에 풀 수 있다고 하니 정말 엄청난 속도다. 하지만 이런 양자컴퓨터의 개발은 또 다른 해킹 문제를 불러올 것이다. 그때를 대비해 수학자들은 더 복잡하고 어려운 암호알고리즘을 개발하고 있다.

우리는 중학교 때 1차 연립방정식의 해를 푸는 문제를 배웠다. 이는 변수가 많아지고 식이 많아져도 해를 전부 찾을 수 있다. 여기에서는 2차 연립방정식의 해를 구하는 수학적 문제가 이용하는데, 이 경우 식의 개수와 변수의 개수가 어느 정도 커지면 양자컴퓨터로도 해를 찾기 어

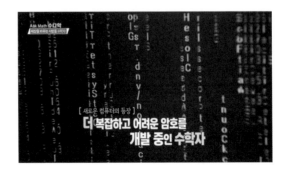

렵다고 알려져 있다.

수학자들은 암호알고리즘을 만들 때 인수분해 외에도 다양한 수학적 원리를 이용한다. 현대사회에서는 하나의 지식으로, 혼자 힘으로는 도저히 해결할 수 없는 복잡한 문제들이 생기듯 암호알고리즘을 개발하는 데도 여러 영역의 전문가가 함께해야 한다. 이렇듯 화합과 소통이 필요한 직업이 수학자다.

그동안 우리는 '수학자'란 자신만의 연구 세계에 빠진 사람들이고, 수학은 일상과 동떨어져 있다는 편견에 사로잡혔다. 따라서 오랜 시간 수학을 배우면서도 '왜 배워야 하는지' 이유를 몰랐던 게 사실이다. 그렇다면 수학자들은 왜 수학을 배워야 한다고 이야기할까?

박형주 전 국가수리과학연구소장은 이렇게 답한다.

"학교에서 배우는 수학은 나중에 잊어도 상관없다고 생각한다. 하지만 문제를 풀어나가면서 해결할 때의 통쾌함, 그 과정에서 '어떻게 문제에 접근할 것인가?'에 대한 기억 등은 평생 자기 것으로 남아 인생에 쓰인다. 이것만으로도 수학을 공부하는 가치는 충분하다고 본다."

역사상 지금만큼 수학의 역할이 중요한 시기는 없었다. 사회적으로

발생하는 많은 문제로 수학적 문제해결 능력이 절실해짐에 따라 수학자들의 활동 범위도 점점 확대되고 있다. 과거 놀라운 수학의 발견으로 세상을 바꾼 수학자들. 그들이 지금도 여전히 세상을 바꾸고 있다.

Q01 21세기의 필수 직업 '수학자'. 그런데 수학이 쓰이는 것은 어디까지일까?

수학은 금융, 보험, 컴퓨터, 보안, 통신, 경제, 기계, 토목 등 다양한 분야에 사용된다. 그만큼 수학자는 토론과 고민을 거듭하는 전문적이고, 무한한 가능성이 있는 직업이다.

2016년 세기의 바둑 대결을 펼친 구글 딥마인드의 인공지능 알파고가 유명하다. 알파고도 여러 데이터를 분석하고 학습하며 추론하여 경기를 하는데 이 또한 수학자의 몫이다. 무인자동차 역시 주행 기록을 수치화하고 분석해 스스로 판단하여 움직이는데 여기에도 수학이 기초가된다.

수학 자체가 하나의 산업군에 영향을 미치기도 한다. 특히 외국의 큰

投자은행이 수익을 내는 것은 파생상품이다. 파생상품은 조달 비용과 수익률의 차이에서 얻는 이익을 챙긴다. 이것은 어떤 회사에 투자하여 이익을 내는 게 아니기 때문에 수학자들의 연구와 면밀한 계산력이 필요하다. 보험사의 보험 상품의 경우에도 평균연령, 수명, 사고율 등을 따진 통계를 활용한 예측으로 개발되는데 그 뒤에서는 많은 수학자가 활약하고 있다. 따라서 수학만으로도 하나의 산업군에 진입하게 되었다고 말할 수 있다.

Q02 '국가수리과학연구소'라는 기관명처럼 수학과 과학의 경계선이 모호한 듯한데?

그렇다. 수학자는 과학이나 생물, 화학과 연관된 문제들을 해결할 능력도 필요해 과학자들과 협력하여 문제를 해결해나가기도 한다. 이를 일반적으로 '융합수학'이라 한다. 그래서 수학과 과학은 떼려야 뗄 수 없는 관계다.

융합수학도 융합수학이지만 지금은 산업수학이 더 영향력이 있다. 금융회사는 물론 마케팅, 제조, 농업과도 수학이 연관되어 있다. 특히 빅데이터가 활용되는 시대에 들어서면서 통신 쪽에서 수학의 활용도가 더 커지고 있다.

Q03 요즘 해킹 문제가 이슈가 되어 연구소의 중요성이 클 텐데?

개인정보 말고도 국가안보와 관련된 것들, 새로운 프로세스 등은 암호로만 지킬 수 있는데, 이 암호학의 배경이 정수론이다. 정수론은 수학의 한 분야로 소수, 즉 자기 자신과 1 말고는 약수가 없는 수를 말한다.

정수론에서는 두 개를 곱하는 것은 어렵지 않다. 하지만 거꾸로 인수분해하는 것은 곱해진 수가 크면 클수록 굉장히 찾아내기 힘들다. 그래서 정수론의 분야가 암호학을 탄생시켰다고 해도 과언이 아니다.

사실 수학의 존재 이유는 사유思惟, 즉 생각하고 고민하는 사고력이다. 예전에는 단순히 순수학문으로만 존재하던 것이 현대 과학기술과 접목되면서 점점 발전해온 것이다. 인간의 정신적 사유물들이 현대 과학과 연관되어 과학이 발전하게 되었으며, 이는 정수론도 마찬가지다. 암호를 만들어내기 위해 만든 게 아니라 정수를 공부하다 보니 자연스럽게 만들어졌고, 그래서 그 자체가 순수수학이다. 인문학과 철학이 우리 삶의 근본을 이루듯 수학은 과학 발전의 근본이 된다고 말할 수 있다.

02 나무에 숨결을 불어넣는 '가구 디자이너'

가구의 미적 감각과 균형 모두 수학원리가 바탕이다

셀프인테리어 열풍이 불면서 가구에 대한 관심도 높아지고 있다. 집 안 분위기를 바꾸고 나만의 개성을 표현하기 위한 수단으로 가구를 사용하는데, 이처럼 편안하고 감각적인 디자인의 가구를 설계해 제작하는 사람들을 가구 디자이너라고 한다. 가구 디자이너에게 디자인 감각과 제작 기술은 필수 요소. 하지만 더욱더 놀라운 것은 가구 디자이너에게 수학은 가장 기본이 되는 필수 지식이라는 사실이다. 과연 그 이유는 무엇일까?

DIY 시대, 우리 사회에서 셀프 인테리어 붐이 일고 있다. 그 *DIY(do it yourself) 소비자가 원하는 물건을 직접 만들 수 있도록 한 상품

런데 가구를 만드는 가구 디자이너에게도 수학이 필요하다면?

도면 설계하는 것부터 재료 재단까지 가구 만드는 데도 수학 원리가

많이 포함되어 있다. 요즘 셀프 인테리어를 많이 하는데 아무래도 수학을 조금 공부한 사람들에게 더 유리하다. '어떻게 하면 재료를 덜 들이면서 효율적으로 재단할까?' 재단은 바로 이게 문제이기 때문이다. '이 수치로 만들면 될까?' 이렇게 생각하는 것 자체가 바로 수학적 사고다.

가구 디자인 속에 숨은 수학 원리를 찾기 위해 수제 가구공방을 방문했다. 뚝딱뚝딱 거침없이 가구를 제작하는 손길. 오늘 만들 가구는 우리의 일상에서 빼놓을 수 없는 대표적인 가구, 바로 '의자'다. 각양각색의 다양한 의자들은 과연 어떻게 만들어지는 걸까?

의자를 만드는 첫 번째 단계는 바로 설계도를 그리는 것이다. 가구 설계도란 디자이너의 제작 의도에 따라 가구의 크기, 위치, 형태, 치수, 재질 등을 일정한 규정 방법으로 표기한 도면을 말한다. 이렇게 의자는 기본적으로 설계도에 따라 만들어진다. 설계도가 완성되면 설계한 길이대로 나무를 자르고 서로 이어 붙여 최종적으로 가구가 탄생한다.

작업실로 들어가 컴퓨터 앞에 앉은 가구 디자이너는 고민할 새도 없이 쓱쓱 무언가를 그려낸다. 이것은 바로 머릿속에 담긴 설계도다. 그런

데 이렇게 머릿속에 모든 구상을 다 해놓았으면서 굳이 설계도를 따로 만들어야 하는 이유가 있을까?

가구 디자이너는 이렇게 말한다.

"설계도가 중요한 이유는 일단 고객에게 이렇게 제작을 하겠다고 약속했기 때문이다. 그리고 한 치의 실수도 없이 제작 사양을 수치화해 정확하게 나무를 자르고 가장 중요한 비율을 맞추기 위해서이다."

보통 가구 디자이너는 컴퓨터로 도면을 그리지만, 직접 손으로 설계도를 그리기도 한다. 그런데 여기서 수학 원리를 만나게 된다.

등받이, 다리, 바닥 등 부위마다 다른 길이가 적용되는데 가장 적절한 길이로 수학 원리 비율이 사용된다. 세상에는 다양하고 신기한 종류의 의자가 많지만, 가구 디자이너들은 디자인의 인체공학적인 비율을 따져 가구를 설계한다. 기본 중의 기본이지만 가장 중요한 작업이기도 하다.

설계도가 완성되면 본격적으로 의자 만들기에 들어간다. 먼저 재료로 사용할 나무를 선택하는데, 이 일은 가구를 설계하는 것만큼이나 중요

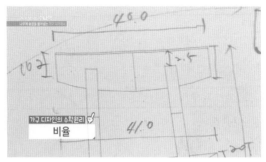

가구 디자인의 수학 원리 1 – 비율

하다. 생각했던 두께가 나올 만한 나무를 골라서 자르고 대패하는 과정이다. 재료를 골랐으면 이젠 설계도에 작성한 대로 나무를 자르는 작업을 해야 하는데 이 작업을 '재단'이라고 한다. 설계도에 있는 수치대로 정확하게 나무를 잘라야지, 그렇지 않으면 단면이 붙지 않기 때문에 버리거나 다음에 사용해야 하는 일이 생긴다.

설계에 따라 나무에 밑그림을 그린다. 밑그림을 어떻게 그리느냐에 따라 필요한 재료의 양이 달라진다. 이 과정을 수학 원리로 풀어보자면 나무를 조금 더 효율적으로 사용할 수 있도록 공간을 활용하는 방법,

가구 디자인의 수학 원리 2 – 도형의 배치와 배열

바로 공간의 배치와 배열이다. 하나의 의자를 만드는 데는 다양한 도형이 사용된다. 네모나 세모, 동그라미 혹은 디자인에 따라 곡선이 있는 도형도 있다. 그런데 이런 도형들을 수학 원리 없이 아무렇게나 재단하면 사용하지 못하고 버리는 재료가 훨씬 많아진다.

설계와 재료 선택, 재단의 과정을 거쳐 만들어진 의자 부품들. 이렇게 부품들이 모두 만들어지면 설계와 비교하여 큰 오차가 없는지, 오차가 있다면 설계를 변경해야 할 정도인지 확인한 뒤에 조립해야 한다.

오차까지 체크한 후 드디어 디자이너의 손에 의해 조립되는 의자 부

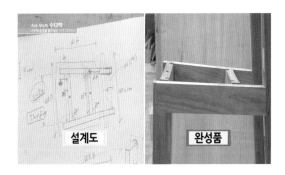

품들. 과연 설계한 모습대로 만들어졌을까? 푹신한 방석이 올라가는 부분 외에 모두 만들어졌다. 완벽한 설계다.

누가, 어떻게 사용하느냐에 따라 달라지는 가구. 어떤 가구 디자이너가 만들든지 그 안에는 열정과 땀방울 그리고 가장 중요한 수학 원리가 숨어 있다는 공통점이 있다.

Q&A

Q01 가구 디자이너는 설계부터 완성할 때까지 수학과 깊은 관련이 있는 직업이라는데?

그렇다. '가구를 만드는 데 수학이 중요해?'라고 흔히 생각하는데, 가구는 '도형'과 관련이 깊다. 가구 자체가 도형의 접합으로 연결되어 있다. 책상 하나를 만들더라도 정육면체, 직육면체 등 다양한 도형이 필요하다. 그래서 필요한 도형을 미리 생각하고 정리한 다음 나무토막을 잘라야만 버려지는 나무가 최소화되도록 배치하면서 제대로 된 가구를 만들 수 있다. 재료를 절약한다는 측면에서도 도형 감각을 익혀야겠지만, 특히 장롱의 경우는 좌우 균형이 맞아야 하고, 치수도 정확해야 하는 등 수학적 감각이 필요하며 무게중심을 잘 잡아야 하는 것도 중요하다. 이렇게 가구 디자이너에게는 수학이 많이 적용된다. 그래서 어릴 때부터 도형 조각을 가지고 많이 구성해본 친구들이 도형 감각이 굉장히 뛰어날 수밖에 없다.

Q02 의자를 만들 때 균형 못지않게 비율이 중요할까?

그렇다. 미학적인 면에서 분명히 그 안에 수학적인 원리를 알게 모르게 사용하고 있다. 그런 비율이 어떻게 나왔는지, 깊이 있게 따지다 보면 통계적인 부분이 많이 활용된다는 것을 알 수 있다. 다리 길이, 등받이 길이, 머리 높이 등 모두 통계를 활용한다. 의자뿐만 아니라 옷도 그렇다. 흔히 우리가 쉽게 이야기하는 치수는 모두 통계라고 할 수 있다. 100 사이즈, 95 사이즈, 라지, 미디엄, 스몰 등 이 모든 것은 최대한 많은 사람을 조사해 통계를 내서 나온 숫자다. 의자를 만들 때에도 미학적인 요소를 제외하면 전부 통계를 토대로 재고 재단한다.

기능적인 측면에서 봐도 어떤 의자든 직각으로만 이루어진 건 없다. 항상 약간 올라가 있던지 약간 비스듬하다. 사람의 몸이 직선이 아니기 때문에 가장 편할 수 있는 상태, 또 그 용도가 쉬는 의자인지, 공부하는 의자인지, 벤치인지 등에 따라서 전부 다르게 설계되어야 한다. 최근에는 구매한 다음 모든 부분을 자신의 몸에 맞게 설정할 수 있는 고부가 가치 의자도 출시되고 있다. 그 의자들은 일반 의자보다 가격이 훨씬 비싸다. '수학자의 노력'이 들어갔기 때문이다. 이런 기능적인 측면 외에 미적인 측면도 마찬가지다. 미적인 기능도 수학적으로 맞으면 아름답고, 수학적으로 맞지 않으면 아름답지 않다. 따라서 수학은 미적인 부분과 기능적인 부분 모두에 관여한다고 볼 수 있다.

가구를 만들 때는 일반적으로 곡선을 다뤄야 하는 경우가 많다. 그래서 옛날 목수들은 스플라인˚을 많이 사용했다. 요즘은 캐드라는 ＊스플라인 과거 목수들이 부드러운 곡선을 긋기 위해 사용하던 띠

컴퓨터 프로그램을 많이 사용한다. 그런데 캐드 프로그램의 명령어 이

름이 스플라인이라고 한다. 스플라인에 수치를 입력하면 그 수치에 따라 곡선이 생긴다. 이런 곡선을 다항식으로 표현하는 설계 프로그램을 '스플라인'이라고 한다.

Q03 수학 원리를 조금이라도 안다면 좋은 가구를 만들 수 있을까?

잘 만들 수 있다. 사실 데카르트 시절에는 사람의 영혼을 중요하게 여겼다면, 프랑스 철학자 모리스 메를로 퐁티Maurice Merleau-Ponty는 몸에 대한 분석과 성찰을 담은 저서 《지각의 현상학》으로 몸의 철학을 이야기했다. 몸이 별것이 아니라 나를 구성하는 중요한 요소라는 뜻이다. '나를 어떻게 하면 훨씬 더 편안하고 좋게 만들어줄 수 있느냐' 하는 것들이 연구되어 공업디자인 또는 산업공학이 나오기 시작하면서 가장 최적화된 안전, 편안함, 교정과 같은 것들이 가구에 도입, 적용되기 시작했다. 그래서 산업디자인에는 수학이 정말 중요한 요소다. 미적인 부분을 강조하는 시각디자인, 미대에서 이야기하는 시각디자인도 마찬가지다. 몇년 전까지 서울대학교 미술대학 입시에서는 수학 시험을 치르지 않았다. 하지만 디자인학과에서는 수학 시험을 반드시 치르게 하여 디자인과 수학의 연결성을 강조하고 있다.

03 도시를 치유하는 의사 '도시계획기술사'

도시 공간의 효율적인 활용에 수학적 사고가 근간이다

도시는 역사와 함께 변화했다. 시대에 따라 사라지기도, 재창조되기도 한 도시. 그렇다면 지금 우리가 사는 도시는 어떻게, 누구에 의해 만들어졌을까? 도시계획기술사는 주거지역, 상업지역, 공업지역에 따라 도시계획을 다르게 세우고 도시를 건설하는 사람들을 말한다. 학교

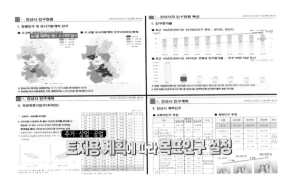

와 병원 및 기반시설들을 도시 곳곳에 적절히 배치하여 조금 더 편리하고 안락한 생활을 누리게 한다. 도시계획에는 반드시 수학의 원리가 필요하다. 적절한 공간 배치를 위한 공간지각능력, 그리고 다양한 수학 계산법이 사용된다. 도시계획 안에 사용되는 또 다른 다양한 수학 원리를 찾아보자.

인류 문명의 요람지 도시. 역사가 변천하면서 그 모양과 형태도 다양하게 변화해왔다. 인구가 집중되면서 도시의 기능은 정치, 경제, 사회, 행정, 산업, 문화, 교통, 거주, 교육, 여가 등 한층 다양해졌다. 이런 수많은 도시의 기능이 원활하게 작동해 거기에 사는 사람들이 조금 더 편안하고 쾌적하며 효율적으로 살 수 있도록 돕는 계획기술을 '도시계획'이라 한다. 또 그런 계획기술이 매우 뛰어나고 우수한 전문가를 '도시계획기술사'라 한다.

도시를 계획하고 건설하는 일은 혼자 하는 게 아니라 다양한 팀들이 서로 협력하여 이루어진다. 그러다 보니 회의를 통해 의견을 나누는 일

이 많다. 모든 도시계획은 인구계획에서부터 시작되며, 주거지역, 상업
지역, 공업지역 등 토지 이용 계획에 따라 목표 인구를 설정한다. 사람
들이 그 지역에 얼마만큼 거주하느냐에 따라 고밀도, 저밀도, 중밀도 등
적정인구를 설정하고, 적정인구에 따른 학교나 공원, 복지·여가·교육
시설 등 다양한 기반시설을 배치하게 된다.

　몇 명의 사람이 살 것인지 인구를 설정할 때는 통계자료를 바탕으로
추정한다. 이때 도시의 과거 데이터를 기준으로 계획 인구를 추정하게
되는데, 인구추정에는 다양한 수학 원리가 사용된다.

　나머지 기반시설의 지표를 설정하는 데는 기본적으로 인구가 가장 중
요한 항목이다. 그래서 인구를 예측하기 위해 수많은 모형을 대입하고,
그 도시 특성에 맞는 인구 모형을 선정하여 최종적으로 인구를 설정한
다. 인구를 추정할 때는 등차, 등비, 최소자승법에 의해 과거 추정 값을
적용한다. 식으로 미리 계산한 후 데이터를 입력하면 값이 산출되고, 함
수식에 적용하여 새로운 값을 만드는 방법이라 생각하면 된다.

　차례로 일정하게 값을 더하는 등차수열과 차례로 일정한 수를 곱하
는 등비수열, 주어진 조건으로 값을 구하는 최소자승법까지 미래 인구
를 구하는 데는 여러 가지 수학 계산법이 필요하다. 이를 '수학적 추정
방법에 의한 장래 인구'라고 한다. 인구 추정을 잘못할 경우 기반시설이
과잉 공급되거나 부족해진다. 예를 들어 학생 인구를 잘못 예측하면 학
교 등의 교육 시설이 부족하거나 넘치게 된다.

　목표인구가 확정된 다음에는 계획도면을 작성한다. 상하수도, 도로와
교통, 조경, 공항, 항만, 교육 등 도시를 구성하는 다양한 기반시설을 적
절히 배치하도록 설계하는 작업이다. 도면을 작성할 때는 전산화 작업

이 필수다.

캐드 전산화는 수치나 데이터를 정확하게 계산하도록 바꾸는 것이 가능하기 때문에 아주 중요하다. 예를 들면 기반시설의 면적이 캐드로 전산화됐을 때는 수치로 정확한 면적을 산출할 수 있다. 계획을 할 때 도로망의 폭 혹은 가로 넓이 등은 물론 용량에도 캐드가 활용되고 있다.

도면을 작성할 때는 꼭 공간지각력이 필요하다. 중앙밀집형이나 방사형, 직선형 등 다양한 형태의 도시계획을 세우므로 공간지각력은 필수다. 또한 커다란 도시를 도면으로 표현하기 때문에 축척을 활용해 도면을 작성하게 되는데, 이때 축척 감각이 없다면 공간배치에 어려움을 겪을 수 있다. 이렇게 도면이 만들어지면 그 도면을 가지고 도시계획사와 팀원들이 의견을 나눈다. 도면 하나에 숨어 있는 수많은 조건과 경우의 수를 모두 따져야 하므로 수리력은 꼭 필요한 능력이다.

여러 과정을 거쳐 완성된 도면은 3D 과정을 거쳐 실제 도시를 그대로 구현한 조감도로 탄생하게 된다. 조감도를 바탕으로 진짜 도시를 건설하게 되는 것이다.

도시계획은 국가의 자원과 예산을 집행하는 일이기 때문에 수학적인 데이터나 근거들이 정확하지 않으면 국가의 자원과 예산을 낭비하는 결과를 초래한다. 따라서 도시계획을 할 때는 수학적인 근거와 원리가 매우 중요하다.

하나의 도시가 만들어지기까지 몇 년에서 몇 십 년의 시간이 걸린다. 도시를 만든다는 것은 상하고 덧난 도시를 새롭게 치유하는 과정이라 할 수 있다. 도시계획기술사를 '도시를 치유하는 의사'라고 부르는 이유가 바로 그 때문이 아닐까.

Q01 도시계획기술사는 도시를 계획·건설하고 유지하는 데 꼭 필요한데?

사람이 살아가는 데 꼭 필요한 주거시설, 교육시설, 편의시설, 여가시

설 등을 효과적으로 배치하고 구성하는 역할을 하는 직업이 도시계획기술사다.

로마 시대나 조선 시대에도 이런 직업은 있었을 것이다. 도시가 있으면 인구가 있고 상하수도, 전력 등의 여러 가지 흐름이 존재한다. 만약 도시 계획이 잘못됐다면 유령도시로 전락할 수 있고, 도시는 다 만들어졌는데 학교시설이나 위락시설이 없으면 도시를 운영하기 힘들 수 있다. 이런 것들을 잘 관리하는 게 도시계획기술사의 업무다. 그러다 보니 방정식, 기하학, 통계, 미분이 기본적으로 필요한데, 이는 곧 도시 설계의 그 배경에 수학이 있음을 말해준다. 이라크 지역에서 도시를 재건할 때 한국의 도시계획기술사들이 파견되어 많은 자문을 하고 있다고 한다. 도시 디자인의 흐름이 미국에서 일본을 거쳐 다시 일본에서 한국으로 왔기 때문에, 만약 여러분이 이라크를 방문하게 된다면 우리나라와 유사한 모습을 많이 볼 수 있을 것이다.

Q02 도시계획에서 수학 원리가 적용된 것을 찾아보면?

도시계획 안에는 등차급수, 등비급수, 최소자승법이 반영되어 있다. 등차급수는 매년 일정한 수만큼 인구가 증가한다고 가정하여 미래 인구를 추측하는 것을 말한다. 등비급수는 매년 일정한 비율로 인구가 증가한다고 가정했을 때 미래의 인구를 추측하는 것을 말한다. 그리고 최소자승법은 조금 어려운 개념인데, 등차·등비급수로 계산할 수 없을 때 함수식에 자료를 대입하여 미래 인구를 추측하는 것을 의미한다.

이것들을 교과과정으로 군이 분류하자면 초등 교과과정에서는 방정식 세우기, 중등 과정에서는 함수, 고등 과정에서는 등차·등비급수에서

등차급수	등비급수
2001년 → 도시인구 100명	2001년 → 도시인구 1명
2002년 → 도시인구 200명	2002년 → 도시인구 2명
2003년 → 도시인구 300명	2003년 → 도시인구 4명
2004년 → 도시인구 400명	2004년 → 도시인구 8명
	2006년 → 도시인구 32명

조금 더 심도 있게 이해를 한 후에 심화 과정으로 최소자승법을 이해할 수 있다.

도시계획의 핵심은 한정된 공간을 최대한 활용하는 것이다. 그러다 보니 변수에 따라 함수가 활용되어 최대한 동선을 찾아내고, 수치를 이용해 오차가 가장 적은 최적의 흐름과 공간을 찾아낸다. 이처럼 공간을 계획, 수정, 보완하는 데 활용되는 기본적인 수학 원리는 모두 학교에서 배운 것들이다.

Q03 도시계획기술사가 되려면 어떤 학과에 지원하면 좋을까?

도시를 계획, 설계하기 위해 만들어진 도시공학과가 가장 일반적이다. 도시계획기술사는 전문 직업군에 속하며 국내에는 450여 명으로 소수이기 때문에 앞으로도 가능성이 열려 있는 직업이다. 또 토목공학과가 조금 유사할 수 있다. 이외에 도시계획에는 철학적 사고가 필요하기 때문에 인문학이나 사회학도 많은 도움이 된다.

04 황금비의 마술사
'패션 디자이너'

디자인 패턴에는 수학의 비율이 숨 쉬고 있다

패션은 오랜 시간 변화에 변화를 거듭해왔다. 사람들이 패션에 관심이 많은 이유는 패션이 개성을 나타내는 중요한 도구여서다. 패션에 대한 관심이 높아질수록 패션 디자이너에 대한 관심도 함께 높아진다. 패션 디자이너에 따라 아름다움이 다르게 표현되므로 사람들은 자신에 맞는 패션 디자인을 선호한다. 그런데 중요한 것은 어떤 디자이너에게든 아름다움을 만들어내는, 이른바 '황금비율'은 같다는 사실이다. 과연 패션 디자이너들이 사용하는 '황금비'란 무엇일까?

패션을 향한 사람들의 관심이 높아지면서 유행을 창조하고 선도해가는 패션 디자이너라는 직업에 대한 흥미도 자연스레 높아졌다. 스타일에 날개를 달아주는 사람들, 패션 디자이너를 만나보자. 패션 디자이너는 의상은 물론 가방, 모자, 스카프 등 옷에 어울리는 다양한 소품을 다루는 사람을 통칭하는데 그중에서도 패션계의 꽃, 의상 디자이너를 만나본다.

패션 디자이너는 자신의 직업에 대해 이렇게 소개한다.

"패션 디자이너는 쉽게 이야기하면 의상을 디자인하는 디자이너이다. 옷을 아름답게 만들어 주는 사람이다."

패션 디자이너를 상상할 때 대부분은 그림을 그리고 디자인하는 모습을 가장 먼저 떠올린다. 하지만 패션 디자이너가 무작정 디자인만 하는 것은 아니다. 무엇을 어떻게 표현할지 콘셉트를 정하는 일이 첫 번째다.

콘셉트를 확정하면 새로운 계절이 시작되기 6개월 전부터 패션의 흐름을 파악하고 유행 경향, 재료, 색의 조화 등에 대한 자료를 분석한다. 이러한 분석이 끝나면 분석된 자료에 따라 기획한 후 디자인을 시작하게 된다.

비율, 리듬, 균형, 조화, 강조 등의 조형 원리는 패션을 비롯한 모든 디자인에 해당된다. '비율' 또는 '비례'라고도 하는 원리를 예로 들면, 재킷 길이나 소매 길이의 경우 유행과 세태에 따라 굉장히 달라지지만 가장 아름답게 보이는 비율, 즉 황금비율은 어느 정도 정해져 있다.

패션은 아름다움을 추구하기 때문에 황금비와 같은 수학 원리가 이용된다. 가령 목의 굵기, 어깨너비, 가슴너비, 머리 크기, 키 등의 결점을 보완할 수 있도록 의복을 황금비로 나누어 이상향에 가깝도록 조정하는 것을 의미한다.

이때 적용되는 수학적 원리는 고차원적인 방정식처럼 어렵고 복잡한 게 아니라 누구나 한 번만 읽어보면 알 수 있는 아주 보편적인 것이다.

의상 콘셉트가 정해진 뒤에는 디자인을 하고, 그 디자인대로 평면도면을 작성하게 된다. 도면을 작성할 때는 치수가 가장 중요하다. 치수가 제대로 계산되지 않으면 의상 한쪽이 길거나 여며지지 않는 등의 문제

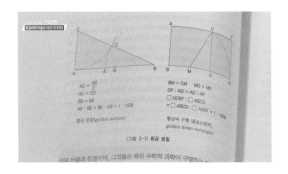

(그림 3-0) 황금 분할

가 생기기 때문이다. 그래서 평면도면에는 의상의 가로, 세로 길이와 둘레 등을 기록한다. 정확한 치수 계산은 패션 디자이너가 사용하는 기본 요소, 수학의 원리다.

옷을 만들려면 도식화가 필요하다. 이를테면 3차원 입체로 만들어줄 옷본, 패턴을 만들고 그 패턴에 따라 옷의 실루엣과 차림새를 연출하고 만들어내는 기초 과정이다.

패턴이란 조화, 대비, 대칭 등이 반복되는 표현으로 수학의 원리와 관계가 깊다. 의상 패턴에는 모양이 반복되거나 대칭적인 모양이 통일성 있게 나타난다. 여기서 수학적인 배열과 구조인 도형과 기하학을 찾을 수 있다. 다양한 도형이 규칙적으로 반복되면서 패턴의 디자인을 형성하고, 원단 위에 도면을 올려놓고 재단한다. 도면을 원단 위에 올려놓는 이유는 바로 치수 때문이다. 인체에 맞게 입체재단이 이루어지므로 재단은 본래의 도면 치수보다 조금 더 크게 한다.

그다음 작업 옷감을 마네킹에 대고 시침한다. 인체에 따라 굴곡진 부분들을 시침하면서도 치수 계산에 오류가 없었는지 다시 한 번 확인 과정을 거친다. 이렇게 시침까지 마치면 몸에 딱 맞는 입체적인 몸의 기본

판이 완성된다.

최종적으로 옷이 완성되려면 이후 재봉을 하고 나서도 많은 수정, 보완 작업이 필요하다. 비율, 치수 계산, 패턴 등의 작업이 반복됨으로써 모든 과정에서 이용되는 수학적 원리가 중요할 수밖에 없다. 이렇게 완성된 의상은 품평회를 거쳐 패션쇼를 통해 공개된다.

패션 디자이너는 런웨이 위에서 자신의 작품을 평가받는다. 그렇다면 패션 디자이너는 반드시 수학을 공부해야 할까? 수학적 원리를 모르더라도 감성적인 디자인을 제작하는 일은 얼마든지 가능하다. 하지만 완성된 의상을 많은 사람에게 설명할 수 있는 전문적인 디자이너가 되려면 수학적 원리는 어느 정도 알고 있어야 한다.

패션 디자이너는 의상을 제작하는 과정에서 실용성과 아름다움을 동시에 충족시키기 위해 노력한다. 특히 황금비율을 계산하고 패턴을 구상하는 등 수학을 공부하는 이유는 사람들에게 사랑받는 멋진 의상을 만들기 위해서이다.

Q01 옷을 예쁘게 입었다는 개념에 수학 원리가 들어 있다는데?

그렇다. 앞에서 언급된 단어 중에 비율, 균형, 조화, 원리, 평면, 3차원 입체, 패턴 등 언뜻 보면 수학 용어 같다. 재킷 길이나 소매 길이 등이 유행과 세태에 따라 달라지기는 하지만 가장 아름답게 보이는 것은 황금비율로 정해져 있다고도 했다. 5:8 등의 비율 숫자 또한 피보나치수

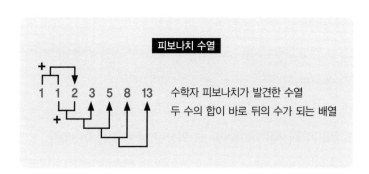

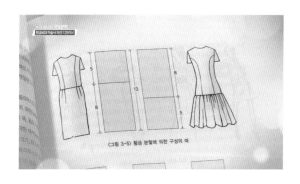

<그림 3-5> 황금 분할에 의한 구성의 예

열 의 숫자다.

앞서 소개한 5:8의 비율은 피

*피보나치수열 수학자 피보나치(Fibonacci sequence)가 발견한, 두 수의 합이 바로 뒤의 수가 되는 배열

보나치수열에서 5와 8을 사용한 것인데 이게 대략적인 황금비, 황금비율의 숫자다. '긴 것 : 짧은 것'의 비율이 '전체 : 긴 것'의 비율과 같다는 의미로, 가장 아름답게 보이는 비율, 즉 1:1.618이라고 알려져 있다.

의상을 착용하면 접히는 부분, 입체적인 부분에 따라서 공감과 움직임을 예측해 편하게 만드는 게 패션 디자인의 핵심이다. 옷은 아름다움도 중요하지만 편안함도 중요하기 때문이다. 예를 들어 애플힙은 바지 뒷면이 조금 더 길어야 기장도 맞고 편안하다. 이때 방정식과 함수를 이용해 코딩하면 맞춤형 옷을 만들 수 있다. 8등신도 가장 아름다운 비율이 3:5 또는 5:8이다. 원피스도 8등신으로 보이려면 위에서부터 3의 위치에 구분하면 된다.

Q02 우리가 패션을 이야기할 때 의상만 보는 것은 아닌데?

여성들이 좋아하는 것은 옷 말고 가방과 신발이 있다. 가방의 패션 디자인에는 아름다움을 중시하는 심미적인 측면이 있는데 패턴은 어떤 식으로 갈 것인지, 어떤 스티치로 갈 것인지 등 기능적인 측면에서의 형태나 부피 같은 실용성도 중시한다. 사각형으로 들어갔을 때는 이 정도가 들어가고, 삼각형으로 만들면 조금 손해는 보지만 이 정도는 된다 등 기능적 측면에도 굉장한 수학 원리가 숨어 있다.

Q03 의상 디자인에 사용되는 패턴 또한 꽤 흥미롭고 신선한데?

패턴의 세계를 이야기하면 정말 무궁무진하다. 사실 그 전에 예술품에도 패턴이 자주 사용된다. 유네스코 세계문화유산으로 등록되어 있는 스페인 그라나다의 알람브라 궁전은 기하학의 보고다. 이슬람 문화권에서는 사람의 모양을 형상화하는 것이 금기되어 기하학 패턴이 발달했다. 그래서 밋밋한 벽면을 채우기 위해 수학적 원리를 이용하여 기하학 패턴으로 채웠다. 당시 사람들이 고민한 흔적이 곳곳에 보인다. 궁전을 지으려면 수학을 공부해야 하고, 평면을 채우기 위해 어떻게 디자인해야 하는지 등등. 그리고 패턴을 연구하는 사람들이 꽤 많다. 벽지·타일·넥타이 등에도 다양한 패턴이 사용된다. 디자이너들은 타성에 빠질 때쯤 일부러 알람브라 궁전을 찾기도 한다.

스페인 알람브라 궁전1   스페인 알람브라 궁전2

Q04 패션 디자이너가 되려면 패션 대학에서 관련 분야를 전공해야 하는가?

그렇다. 미술대학에 디자인과 혹은 가정대에 의상학과나 의류학과가 있는 경우도 있다. 독학으로 패션 디자이너가 되기도 한다. 그런데 수학을 응용하는 경우라면 수학의 원리가 바로 적용되거나 수학적 사고력이 활용되고, 아니면 수학을 바탕으로 문제해결력이나 과정이 들어가기도 한다. 그래서 패션의 기본을 터득한 후 응용하는 것도 수학의 규칙을 배워서 응용하는 것과 마찬가지다. 그다음 A라인, H라인의 규칙도 민족과 특성에 따라 어떤 형태가 맞는지도 수학적 분석으로 나온 결과다. 그래서 기능성 옷은 수학이 100% 적용되고, 미적인 옷은 수학적 사고력과 접근방식이 중요하다. 요즘은 각각의 분야를 전공했더라도 자신이 특정 분야에 관심이 생기면 패션 디자이너가 되기도 하는데, 그때 수학적 원리가 많이 적용된다.

05 정보의 바다에서 진주를 캐내다
'빅 데이터 전문가'

데이터를 수학적 사고력으로 분석하는 능력이 빅 데이터의 핵심

먹고, 쓰고, 사용하는 모든 것이 정보가 되는 세상. 인류는 거대한 정보의 바닷속에 산다. 지난 2년간 쌓인 데이터가 인류가 2000년 동안 쌓아온 데이터와 비슷하다는 통계도 있다. 이렇게 거대한 정보의 덩어리, 즉 데이터 덩어리를 '빅 데이터Big Data'라고 한다. 점점 늘어가는 빅 데이터를 제대로 사용하고 생활에 활용하도록 처리하는 사람들이 바로 빅 데이터 전문가이다. 놀라운 것은 빅 데이터 전문가의 모든 일이 수학과 관련된다는 사실이다. 과연 빅 데이터 전문가가 이용하는 수학 원리는?

첨단 기술의 발달로 의료·농업·산업 전반에 활용되는 빅 데이터. 심지어 서울 심야버스에도 빅 데이터가 사용되었다. 빅 데이터 전문가의 활약! 2016년 구글 딥마인드DeepMind가 개발한 인공지능 바둑프로그램 알파고가 한국의 이세돌 9단, 중국의 커제 9단의 대결에서 모두 이기면

312

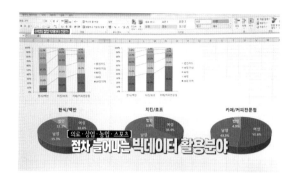

서 화제가 되었다. 이때 많이 등장했던 단어인 빅 데이터야말로 수학의
집결체다. 특히 빅 데이터는 응용수학과 통계학에 활용되는 아주 매력
적인 분야다.

사람들은 빅 데이터를 어떻게 효과적으로 사용할지 궁금해했고, 적절
한 데이터 사용을 위한 빅 데이터 전문가가 등장하게 되었다. 그리고 우
리 삶 속에 빅 데이터가 스며들기 시작했다. 그렇다면 전문가들은 어떤
방법으로 정보를 다룰까?

서울시에서 운행 중인 심야버스는 빅 데이터를 활용한 대표적인 예
다. 심야버스 운행에 가장 중요하다고 할 수 있는 노선도 선정에 그 놀
라운 비밀이 숨어 있다. 흔히 탑승 기록을 빅 데이터로 사용할 거라고
추측하지만 사실은 그렇지 않다. 어떤 빅 데이터를 사용했을까?

빅 데이터 전문가의 말을 들어보았다.

"빅 데이터 분석 과정은 먼저 빅 데이터로 해결할 만한 좋은 주제를
찾는 것이다. 그러면 주제에 맞는 데이터를 찾아내고, 그 데이터를 가공
하여 적절한 분석 방법을 통해 문제를 해결한다. 서울시 심야버스 프로
젝트를 진행할 때는 통신사의 기지국 통계 데이터로 특정 시간대에 어

기지국 통계 데이터 + 수학적 알고리즘 배합
= 최적의 버스 노선 설계

느 지역에 얼마만큼 사람들이 모여 있는지를 통계적으로 분석했다. 이 데이터를 활용한다면 추정과 가정 없이도 정확하게 노선을 정하리라 생각했다. 그래서 기지국 통계 데이터와 수학적 알고리즘을 배합하여 버스 노선을 설계했다."

빅 데이터 분석 방법은 먼저 심야 통화량 30억 건, 심야 택시 승하차 기록 500만 건의 빅 데이터를 모았다. 이를 통해 사람들의 움직임을 관찰하고 서울을 1,252개 구역으로 나누어 통화량이 가장 많은 지역을 골랐다. 그다음 요일별, 노선별 패턴을 분석하고 유동인구가 많은 정류장 단위로 통화량을 산출하여 심야버스 노선을 확정했다. 이 모든 과정이 빅 데이터 전문가의 지휘로 이루어진다.

앞으로 데이터 분석에 의한 차별적 경쟁력을 갖추지 않으면 기업의 생존까지 불투명하기 때문에 빅 데이터 분석에 대한 중요성은 더 강조되고 있다. 따라서 빅 데이터를 전문으로 다루는 사람들에 대한 관심도 꾸준히 높아질 것이다.

지난 10년 사이 세계 데이터 사용 규모는 무려 600배 이상 증가했다. 인터넷이 발달하면서 데이터를 주고받기 쉬워졌기 때문이다. 빅 데이터를 활용한 실질적 성공사례가 나타나 국내의 빅 데이터 시장도 더 활발해지고 있다. 국내외 시장 할 것 없이 빅 데이터 전문가 역시 다양한 분야로 진출했다. 미국 인터넷 뉴스 기업 버즈피드BuzzFeed는 빅 데이터 전문가 다오 응우옌Dao Nguyen을 2016년에 발행인으로 선정했다. 비언론인이 발행인이 된 최초의 사례로 빅 데이터 분석이 중요해졌음을 의미한다. 의료·상업·농업·스포츠까지 빅 데이터가 활용되는 곳은 점차 늘어나고 있다. 무엇보다 빅 데이터를 가지고 어떤 문제를 어떻게 해결할지 결정하는 것이 가장 중요하므로 빅 데이터 전문가에게는 수학적 사고력이 요구된다.

전문 능력을 갖춘 빅 데이터 전문가들은 앞으로 다른 산업에서도 주역으로 활동하게 될 것이다. 최근 사회가 급변함에 따라 새로운 것을 찾아내는 능력과 더불어 문제 해결력과 창조력이 중요해졌다. 이것을 훈련할 중요한 도구가 수학이다. 찾아내려는 답이 있고 주어진 데이터가 있다. '이 데이터로 이런 문제를 어떻게 해결할까' 생각하는 것이 수학의 사고 과정과 비슷하다. 그러니 수학 훈련을 잘 받은 사람이 빅 데이터 분야에서 굉장히 뛰어난 성과를 낸다.

우리의 생활에는 다양한 빅 데이터가 사용되고 있다. 내게 맞는 음악을 추천해주고, 어울리는 옷을 찾아주는 것도 그렇다. 우리는 이미 수학 원리로 가득한 빅 데이터 세상에 살고 있다.

Q01 어마어마한 데이터 가운데 필요한 정보만을 찾는 게 빅 데이터 전문가인데?

한때 유명했던 명제 중에 '기저귀 판매가 늘면 맥주 판매가 늘어난다' 는 말이 있다. 다들 기저귀와 맥주가 무슨 상관일까 생각할지 모르지만, 기저귀 심부름하는 아빠들은 아이들의 기저귀를 사면서 맥주도 함께 꼭 산다고 한다. 이는 대형마트의 영수증, 즉 의미 없게 여겨졌던 수많은 영수증을 분석하여 기저귀와 맥주의 상관관계를 알아낸 결과다.

조지 오웰의 〈1984〉를 보면 빅브라더가 우리의 일거수일투족을 감시한다. 과거에는 한 사람이 매장에서 물건을 구매하면 그 매장 주인만 나를 알고 기억할 수 있었다. 그런데 지금은 카드로 물건을 구매하면 카드사로 카드 정보가 모이고, POS 시스템, CCTV, 포인트 카드를 긁는 순간 사람의 행동 패턴이 한 군데로 모인다. 이를 빅 데이터 전문가가 분석해 소팅sorting하면 소비 패턴이 파악되고, 마트에 어떤 물건을 공급해야 할지 알 수 있다.

Q02 빅 데이터 속에 수학이 든 게 아니라 빅 데이터 자체가 수학이지 않을까?

맞는 말이다. 빅 데이터 전문가야말로 수학을 제대로 공부해서 사용하는 사람들이다. 수학은 사고력과 문제해결력을 길러주는 가장 강력한 학문인데 빅 데이터 전문가도 사고력과 문제해결력이 필요하다. 하지만 어떤 사람들은, 다양한 데이터 분석 프로그램이 개발·발달되어 클

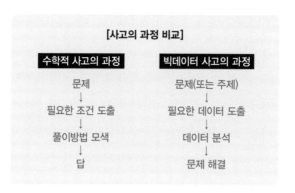

[사고의 과정 비교]

수학적 사고의 과정	빅데이터 사고의 과정
문제	문제(또는 주제)
↓	↓
필요한 조건 도출	필요한 데이터 도출
↓	↓
풀이방법 모색	데이터 분석
↓	↓
답	문제 해결

릭 한 번에 필요한 것을 다 얻는데 굳이 수학적 분석이 필요할까, 의문을 제기할 수 있다. 하지만 왜 그렇게 했는지, 왜 이 공식을 사용했는지 설명하려면 수학적 이론이 필요하다.

예를 들어 빅 데이터를 통해 뭔가를 만들어내고자 하면 문제 인식, 데이터 분석, 문제 해결과 응용에 이르기까지 모두 수학 원리가 이용된다. 소인수분해, 치환, 대입, 함수, 미분, 적분, 통계, 확률 등 전부 수학과 연관되므로 빅 데이터 전문가가 되려면 수학 공부는 필수다.

또한 위상수학*은 쉽게는 같은 형태의 사물 사이에서 공통된

*위상수학 위치와 형상에 대한 공간의 성질을 연구하는 학문

성질을 찾는 것을 말한다. 예를 들면 AI(조류인플루엔자)가 발생했을 때 전염병의 경로를 파악하고 분석해 차단하는 것도 위상수학이다. 또 모든 사람에게 암 유전자가 존재하는데 실제 암이 생긴 사람과 암이 생기지 않은 사람, 즉 암 환자들의 공통점과 차이점을 분석해 암 유발을 막는 등 다양한 분야에 빅 데이터가 사용된다.

Q03 포털의 연령별 뉴스, 쇼핑몰의 나이와 성별에 따른 아이템도 빅 데이터인가?

그렇다. 예를 들어 패션의 경우 전 세계의 많은 사람이 유럽에서 SNS를 통해 어떤 패션을 볼 때 20대가 많았다면 우리나라에서 수입했을 때 많이 팔릴 가능성이 있다. 음악 산업에서도 어느 계절에 어떤 음악이 많이 다운되었는지 계절별 다운로드 횟수 등을 분석하여 해당 시기에 그 음악을 방송에서 틀어줄 수 있다. 심지어는 어느 연령대가 몇 시부터 몇 시 사이에 커피를 많이 마시는지 분석하고, 스마트폰에 위치정보 서비스까지 갖춰 그 커피숍에 들어서면 자동으로 스마트폰에 푸쉬 광고가 뜨게 한다. 이렇게 빅 데이터가 사람들의 소비 패턴을 일방에서 쌍방으로 변화시킴으로써 앞으로는 빅 데이터 전문가의 역할이 더 커질 것이다.

Q04 빅 데이터가 수학 그 자체라면, 빅 데이터 전문가가 되려면 어떻게 해야 할까?

빅 데이터 전문가는 과거 DB^{데이터베이스} 설계자로 불렸으며, 데이터베이스를 설계하고 활용하는 전문가를 의미한다. 이 일은 스마트폰이 생기고 발전하면서 매우 쉬워졌다. 현재 대학에 빅 데이터 관련 학과가 많이 생기고 있다. 하지만 수학적 사고력과 수학적 알고리즘에 대한 이해, 기업적인 마인드만 있다면 누구든지 도전할 수 있다. 또한 경영학과나 경제학, 컴퓨터공학 전공자들도 빅 데이터 전문가로 활동하고 있다.

Q05 4차 산업혁명과 함께 빅 데이터가 많이 쓰이는데 빅 데이터 전문가의 전망은?

'지난 2년간 세계 휴대폰의 사용 데이터 총량이 지난 2000년의 인류가 쌓은 지식의 총량과 맞먹는다'는 기사처럼 아주 유망하다고 할 수 있다. 정부에서도 관련 부서를 설치하겠다고 발표했고, 통신회사나 식품회사 등도 소비자의 동향 파악을 위해선 빅 데이터 전문가가 필요하다. 당연히 이런 빅 데이터 전문가의 전망은 밝다. 데이터 마이닝 은

*데이터 마이닝(data mining) 대용량의 데이터에서 유용한 정보를 발견하는 과정

큰 용량의 데이터에서 유용한 정보를 채굴하고 발견하는 것인데, 데이터를 찾고 분석해 정보를 제공하는 것도 빅 데이터의 범주에 속한다. 이 역시 수학적인 배경이 있어야만 가능하다.

06 상상을 현실로 만드는
'애니메이터'

수학적으로 설계하고 이를 바탕으로 그림 그리는 전문 분야

어린아이들에게 커서 뭐가 되고 싶냐고 물어보면 경찰관이나 소방관처럼 정의로운 사람, 아니면 슈퍼맨처럼 슈퍼히어로가 되고 싶다고 대답한다. 또 하나 빠지지 않는 대답으로 뽀로로와 같은 만화 속 캐릭터가 있다. 그만큼 애니메이션은 아이들에게 상상의 나래를 펼치게 한다.

〈아바타Avatar〉, 〈겨울왕국Frozen〉, 〈토이 스토리Toy Story〉는 세 편 모두 3D 영화라는 공통점이 있다. 이런 디지털영화 자체가 수학과 맞닥뜨려야 하는 분야이다.

애플의 창업자 스티브 잡스Steve Jobs. 그가 애니메이션 회사를 인수해 애니메이션 〈토이 스토리〉를 만들었다는 것은 유명한 사실이다. 하지만 〈토이 스토리〉를 만들 때 수많은 수학자가 참여했다는 것을 아는 사람들은 드물다. 스티브 잡스는 왜 애니메이션을 만드는데 수학자를 참여하게 했을까? 그것은 바로 애니메이션의 모든 과정이 바로 수학과 연관되어 있기 때문이다.

상상을 현실로 만드는 직업이 바로 애니메이터*다. 애니메이션이란 만화나 인형을 이용하여 살아 있는 것처럼 생동감 있게 촬영한

*애니메이터(animator) 만화나 만화 영화를 그리거나 제작하는 사람

영화나 기술을 말한다. 과거에 애니메이션 산업은 해외 기술자들의 전유물로 존재했다. 하지만 최근에는 우리나라 애니메이터도 그 실력을 인정받아 애니메이션 산업에 많이 진출하는 추세다. 대작 애니메이터의

〈토이 스토리〉

스카우트 제의를 받는 경우도 종종 있다고 한다.

하나의 애니메이션을 만들기 위해서는 많은 사람이 필요하다. 혼자서 그림만 그리는 작업이 아니기 때문이다. 그렇다면 애니메이션이 만들어지기까지 어떤 과정을 거쳐야 할까?

애니메이션을 제작하려면 먼저 만들 캐릭터를 스케치하고, 3D에서 모델링한다. 그리고 애니메이터들이 편하게 동작을 만들도록 리깅 작업을 한다. 리깅된 작업으로 애니메이션 동작을 만든 다음, 렌더링을 해서 최종 합성하면 애니메이션이 완성된다.

*리깅(rigging) 3D컴퓨터애니메이션에서 캐릭터의 뼈대를 만들어 심거나 뼈대를 할당하여 캐릭터가 움직일 수 있는 상태로 만드는 일

*렌더링(rendering) 이미 설정된 모델링, 움직임, 카메라, 텍스처 매핑, 조명 등의 과정을 모두 연산 처리를 해 2차원의 최종적인 화면으로 만들어내는 것

애니메이션 제작의 첫 단계는 캐릭터를 만드는 것이다. 이야기의 흐름을 이끌어갈 인물의 특징을 극대화해 캐릭터를 스케치한다. 캐릭터 스케치는 첫 단계이지만 매우 중요하다. 캐릭터가 애니메이션을 대표하기 때문이다.

그다음 캐릭터를 3D로 구현하는 작업을 모델링이라 한다.

여기서 잠깐! 모델링 작업에 수학 원리가 숨어 있다.

애니메이션의 수학 원리 첫 번째는 '기하학'이다. 점들이 모여 선을 이루고, 선이 모여 면을 이루는 수학의 원리를 기하학이라고 한다. 우리가 흔히 아는 도형도 기하학에 속한다. 캐릭터를 3D로 만드는데 기하학은 꼭 필요하다.

모든 디지털 입방체는 점과 선과 면으로 이루어지고, 프로그램에서는 그 점을 행렬식으로 관리한다. 아무리 복잡한 모델링이라도 그 행렬식을 통해 얼마든지 컴퓨터로 효율적으로 관리할 수 있다.

애니메이션의 수학 원리 두 번째는 '행렬'이다. 점이 모여 선을 이루는 모든 과정을 일일이 숫자로 입력할 수 있을까? 물론 아니다. 이럴 때 필요한 것이 바로 행렬이다. 쉽게 이야기하면 가로줄이 행, 세로줄이 열이기 때문에 행렬이라고 부른다. 행렬은 덧셈, 뺄셈, 곱셈의 연산을 가로, 세로 수식으로 계산한다. 점에서 선으로, 선에서 면으로 연결할 때 필요한 값을 행렬식을 통해 얻는다. 행렬식을 사용하면 더 쉽고 빠르게 캐릭터를 구체화할 수 있다.

캐릭터가 만들어져도 움직이지 않으면 소용이 없다. 캐릭터에 움직임을 주는 작업을 리깅이라 하는데, 이때도 수학 원리가 필요하다. 3차원 값으로 캐릭터가 움직일 수 있는데, x값, y값, z값과 회전도 마찬가지다. 이런 식으로 캐릭터가 가진 모든 관절에 숫자를 대입하면 캐릭터를 움직일 수 있다.

회전변환

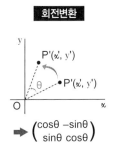

애니메이션의 수학 원리 세 번째는 '미분과 적분'이다. 리깅의 수학 원리는 미분과 적분이다. 미분은 움직이는 대상을, 적분은 도형의 넓이와 부피처럼 움직이지 않는 대상을 다룬다고 생각하면 쉽다. 모든 움직임에 미분값과 적분값이 포함되어야 행동이 가능하다.

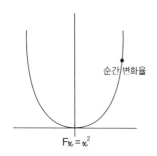

미분 함수 그래프의 예

순간 변화율

$Fx = x^2$

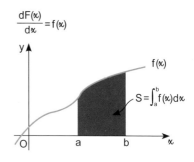

적분 함수 그래프의 예

$$\frac{dF(x)}{dx} = f(x)$$

$f(x)$

$$S = \int_a^b f(x)dx$$

프레임(그림)당 셀 수 없을 정도로 많은 계산 값이 들어간다. 그래서 애니메이션 자체도 여러 팀으로 나눠 공동 작업을 한다. 사실 이런 수식의 도움 없이는 디지털 작업이 불가능하다고 봐야 한다.

애니메이션 〈겨울왕국〉은 1초당 24개의 그림과 미적분 계산 값으로 만들어졌다. 이것은 다시 말하면 1초당 24개의 그림, 24개의 미적분 값이 포함되었다는 뜻이다. 또한 영화 〈해운대〉(2009)에서 해일이 몰려오는 장면에는 1초당 30개의 그림과 미적분 계산 값이 사용되었다.

이렇게 스케치, 모델링, 리깅 작업을 거치면 드디어 캐릭터에 색을 넣는 작업이 시작된다. 캐릭터의 특징에 맞게 색을 칠하고 나면 마지막으로 렌더링이 남는다.

렌더링은 3D 작업을 하면서 가상 조명을 설치하는 등의 작업을 계산을 통해 정확하게 TV에서 보는 이미지적인 완성도의 형태로 뽑아내는 것이다. 쉽게 이야기하면 렌더링이란 모든 작업을 마친 후 영상 출력이 가능한 상태로 만드는 것을 말한다. 렌더링까지 마치면 어떤 모습일까?

스케치부터 렌더링까지 모두 마친 애니메이션에는 기하학·행렬·미적

〈겨울왕국〉

분의 수학 원리가 사용되었다. 디지털 작업 자체가 결국 '수'라고 할 수 있다. 작업을 조금만 더 깊이 들어가면 어차피 수와 맞닥뜨리게 된다. 자칫 계산 값을 잘못 입력하면 애니메이션 영상이 버벅거리게 된다.

애니메이션은 예술과 기술의 만남이라고도 할 수 있는데, 저변에 깔린 순수 원천기술은 결국 수학이다. 이렇게 다양한 수학 원리가 숨어 있는 애니메이션을 제작하는 애니메이터들에게 수학 공부는 더 이상 선택이 아닌 필수이다.

Q01 애니메이션을 만들 때 그렇게 정교해야 할까?

수학자는 애니메이션과 관련된 전문 용어는 잘 모를 수 있어도 그 배경에 깔린 기하학, 미분, 적분은 쉽게 설명할 수 있다. 애니메이션을 움직이는 데도 여러 가지 수학이 이용된다. 그중에 캐릭터 회전은 고등학교 행렬의 일차변환에서 배웠는데, 지금은 과정에서 제외되었다. 예를 들어 원점을 중심으로 θ만큼 회전시키는 변환을 의미한다. cosθ −sin θ sinθ cosθ이라 하여 cosθ에다가 45를 적용하면 45°만큼 회전시키는데 이것이 회전 변환이다.

닮음 변환은 도형을 축소·확대해 닮은 도형으로 변환시킴으로써 크기는 변하지만 모양은 변하지 않는 것을 말한다. 이런 내용은 고등학교에서 배운 행렬만으로도 알 수 있다.

애니메이션은 예술과 수학이 결합된 것으로, 컴퓨터공학과 출신들이 주로 이 분야에서 일하고 있다. 사실 과거에는 공학이라는 학문이 없었다. 수학은 인간 생활을 편리하게 만드는 컴퓨터공학, 산업공학, 기계공학으로 세분화되었다. 모든 공학 뒤에는 수학이 있고, 설계자는 수학적으로 설계하고, 실행자는 그것을 바탕으로 그림을 그린다.

수학과 애니메이션은 매우 관련이 깊다. 에러가 발생했을 때 캐릭터를 복구하기 위한 측정값의 알고리즘을 입력하면 손쉽게 복구할 수 있다. 우리가 보통 미분, 적분을 배울 때 '써먹지도 않을 것을 왜 이렇게 배우느냐'고 말하는데, 사실 애니메이션에서 미분과 적분은 굉장히 많이 쓰인다. 미분은 쉽게 말하면 함수, 연속적이고 지속적인 선의 순간 변화율이 미분이다. 애니메이션은 멈춰 있는 장면, 즉 순간이 끊임없이 연결되어 하나의 흐름을 이룬다. 그래서 미분은 물론 적분의 쓰임새도 크다. 적분이라는 건 일정한 구간에서 그래프가 있을 때 그 그래프와 구간이 만드는 덩어리, 넓이라고 생각하면 된다. 애니메이션은 2D를 3D로 입체화하는 활동을 한다. 이때 컴퓨터 소프트웨어에 적분을 기초로 한 프로그램이 굉장히 많이 활용된다.

애니메이션 제작자들이 애니메이션을 만들 때 가장 힘들어하는 작업이 털 많은 동물이다. 털 한 올 한 올이 다 개체라서 움직임 값을 제각각 입력해줘야 한다. 사람의 머리칼 역시 하나하나 다 개체화시켜야 한다. 그래서 바람이 불어 머리카락이 움직이는 장면을 연출해야 한다면 한숨을 쉰다. 그런데 사자나 고릴라 같은 동물이 나오면 더 힘들어진다. 유체역학이나 미분으로 움직임에 활용해야 하니 손이 많이 가기 때문이다.

Q02 애니메이션 표현 기법도 향상되는데, 관련 직업이 있다면?

3D 산업은 치과에서 틀니 모형을 만들 때, 조감도 작업 등 다양한 곳에 활용된다. 특히 사람이 3D 화면 속에 들어가 실제 요리를 하거나 잠을 자는 가상 체험도 할 수 있고, 옷도 프로그램에 넣으면 나와 가장 잘 어울리는 것을 보여주는 등 3D 그래픽 기술이 발전했다. 3D 작업이 가장 발달한 분야는 영화다. 과거에는 실제로 많은 조연자와 엑스트라를 동원하여 영화를 제작했다면, 지금은 3D 작업으로 대체하고 있다. 많은 사람을 3D로 대체하면 더 실감난다. 역사를 조명할 때도 없어진 역사적 조형물을 그대로 재현할 뿐 아니라 인물의 머리가 날리는 것까지 연출하여 역사적 사실을 현실감 있게 볼 수 있다.

하늘을 보고 미래를
예측하는 '기상예보관'

데이터를 분석, 패턴화, 예측하는 능력은 기상예보관의 필수 요소

우리의 삶에 커다란 영향을 주는 날씨. 날씨와 관련된 직업이라 하면 기상캐스터를 생각하는 경우가 많지만, 실제 날씨를 결정하고 예보하는 사람들은 기상예보관이다. 그렇다면 날씨는 어떤 과정을 거쳐 우리에게 전달될까? 그리고 기상예보관이라는 직업에는 과연 어떤 수학 원리가 숨어 있을까?

날씨는 우리의 삶에 많은 영향을 미친다. 하루를 시작할 때 어떤 옷차림을 해야 할지, 우산을 들어야 할지, 어떤 신발을 신어야 할지 고민될 때 일기예보를 본다. 일기예보란 현재의 날씨를 기준으로 미래의 날씨를 과학적으로 예측하여 공식적으로 알리는 것을 말한다. 그렇다면 일기예보는 어떤 과정을 거쳐 우리에게 전달되는 것일까? 그 해답을 찾기 위해 일기예보의 중심, 일기예보의 시작과 끝을 책임지는 기상예보관을 만나보자.

기상예보관은 어떤 일을 할까? 기상청 내 기상예보팀에 근무하는 기상예보관. 기상예보관은 하루 4번의 화상 회의를 통해 국가기상센터를 중심으로 전국 일기 현황을 모아 기상예보와 특보를 결정한다.

조금 더 자세히 말하자면, 3차원 대기 공간을 미분, 적분 등 어려운 수학 과정을 통해 풀이하고, 과거 경험을 바탕으로 미래를 예측하는 업무를 담당하는 것이 기상예보관이다. 기상관측장비는 자동화된 시스템으로 운영된다. 장비에서 관측된 기온, 이슬점 온도 등의 자료들이 네트워크를 통해 슈퍼컴퓨터로 들어간 후 계산되어 예측 결과를 만들어낸다.

기상예보관은 다양한 관측 장비를 사용하여 기압, 기온, 풍향, 풍속, 습도 강수량 등 14개 요소의 일기자료와 우리나라의 땅, 바다, 대기 그리고 우주까지 입체적으로 관측해 자료를 분석한다. 이렇게 실시간으로 수집된 정보는 바로 슈퍼컴퓨터로 전송되어 입력되고, 슈퍼컴퓨터는 수치예보모델을 이용해 기상예보를 출력하는데, 이 과정에서 수학 원리가 사용된다. 바로 대기방정식이다. 대기는 공간 개념이기 때문에 3차원 좌표가 사용되는데 이때 미분과 적분 등 다양한 수학식을 이용해 공간의 일기변화를 수학적으로 계산한다.

　기본적으로 기상예보관은 대기가 어떤 구조인지 파악하고, 그 구조를 바탕으로 미래를 예측하는 업무를 하고 있다. 기본적으로 과학적 지식과 수학적 해석 없이는 수치 모델의 결과를 해석하기 힘들고 미래도 예측하기 어려워 과학적 지식과 수학적 배경이 바탕이 되어야 한다.

　슈퍼컴퓨터는 방정식·미분·적분 등 다양한 수학식을 계산할 수 있다. 따라서 아무리 많은 자료라도 슈퍼컴퓨터를 통하면 복잡한 방정식을 이른 시간 안에 처리해 원하는 결과 값을 얻을 수 있다.

　슈퍼컴퓨터에서 생산된 수치모델 자료를 불러오면 기상예보관이 필요한 자료를 뽑아내고 이것을 물리적, 수학적 계산식을 통해 새로운 자료를 생산한다. 이때 생산되는 자료들은 슈퍼컴퓨터에서 만들어진 수치가 아니라 그림의 형태로 예보관이 보기 쉽게 가공되어 나온다.

　이렇게 가공된 자료는 기압, 기온, 습도, 풍향, 풍속 등이 표기된 그래프로 표현된다. 기상예보관은 이 통합된 그래프를 보고 일기 분석을 한다.

　관측된 결과를 슈퍼컴퓨터에서 계산하면 그 결과 값이 나타난다. 지상에서 풍선을 띄워 상층의 수직 구조를 계산해내는 방법이다. 이때 일

정 고도 간격으로 관측된 결과를 미분과 적분 등의 수학식을 통해 대기 운동 방정식을 계산한다.

우리나라는 산이 많아 지형이 일정하지 않기 때문에 일일이 수치를 대입해야 하는 번거로움이 있다. 따라서 조금 더 정확한 데이터를 위해 미분, 적분, 방정식 등의 수학 원리는 필수인 셈이다.

기상예보관은 수학 원리로 작성된 날씨 예상도와 함께 일기도, 위성 사진, 레이더 영상 등 다양한 자료로 날씨를 예측한다. 흔히 슈퍼컴퓨터로만 날씨를 정한다고 생각하지만, 사실은 여러 자료가 필요하다. 다양한 통계적 기법으로 과거의 유사한 사례를 찾아낸 다음 학습을 통해 최종 예보를 생산하는데, 이때 예보관의 판단이 굉장히 중요하다.

기상예보를 결정하는 것은 결국 기상예보관의 경험, 즉 자료를 분석하고 정확한 통계 수치를 내리는 기상예보관의 판단이다. 따라서 기상예보관에게는 수학적 사고력이 필수다.

현재의 일기도를 생성하고 나서 과거 사례를 검출하는 시스템으로 가장 확률 높은(90%) 연도를 선택하면 유사한 사례의 일기도가 검출되어 나타난다.

이런 과정으로 생성된 일기예보는 전송 프로그램을 통해 방송사, 관공서 등 유사기관에 실시간으로 전송된다. 우리가 편하게 사용하는 애플리케이션에서 보는 일기예보도 바로 이런 과정으로 만들어진다. 하늘의 흐름을 읽고 천기를 누설하는 직업, 기상예보관. 우리 생활과 밀접하게 연관된 직업이니만큼 방정식과 통계는 물론 다양한 수학 원리가 이용되고 있다.

Q01 우리가 아침마다 확인하는 일기예보에 수학의 원리가 숨어 있다고?

기상예보는 공기의 흐름과 대기 변화가 가장 핵심으로, 이를 수치화해 날씨를 예측한다. 여기에 숨은 수학적 원리는 무궁무진한데, 특히 대기의 순간변화율과 형태 변화는 미분과 적분을 통해 파악이 가능하다. 또 여러 자료들을 수집하여 슈퍼컴퓨터로 결과를 산출하는 데는 통계와 함수가 이용된다.

기상예보관은 데이터를 입력하고 그 결과를 읽어주는 일도 물론 하지만, 분석하고 패턴화하며 예측하는 능력이 필요하다. 이때 미분과 적분 그리고 통계를 많이 이용한다. 또한 전 세계 180여 개국이 각각의 나라에서 관측한 자료를 실시간으로 공유하기 때문에 상당히 중요한 수학적 관점이 있어야 한다. 어떻게 보면 기상예보관의 능력이 슈퍼컴퓨터보다 뛰어나다고 할 수 있다.

우리나라는 예로부터 날씨 관측에 뛰어난 민족이다. 신라 시대에 첨성대를 건립하여 날씨를 예측했으며, 조선 시대 측우기도 강우량을 측정하기 위해 쓰였다. 이는 유럽보다 무려 200년이나 앞선 기술들이다.

Q 2 일기예보에 숨어 있는 수학 원리가 이외에 더 있다면?

날씨를 예측하려면 일기도를 가장 먼저 봐야 한다. 일기도에는 등압선이 있다. 이렇게 일기도와 등압선을 만들려면 슈퍼컴퓨터와 프로그램이 필요한데 모두 수학적 원리가 이용된다. 등압선은 기압이 같은 점들을 연결한 선이다. 우리나라는 산이 많아 일일이 등압을 측정해 종합하여 등압선을 만든다. 이런 과정은 어떻게 보면 수학에서 수형도를 만드는 것과 비슷하다. 프로그래밍에서 사용되는 방정식과 행렬도 수학의 원리라 할 수 있다.

Q03 미적분, 통계, 방정식이 기상예보관과 관련이 있었는데, 이를 사용하는 분야가 또 있다면?

경제학이 가장 대표적인 예로 경제 성장률을 예측하는 데 쓰인다. 경제는 모든 사회의 핵심이기 때문에 과거 사례와 경제지표, 금융지표를 모아 앞으로의 경제 성장률을 예측한다. 경제성장률을 계산하는 공식은 (금년 GDP-전년 GDP/전년 GDP)×100이 된다.

$$\text{경제성장률} : \frac{\text{금년GDP} - \text{전년GDP}}{\text{전년GDP}} \times 100$$

Q04 그렇다면 기상예보관이 되기 위해선 어떤 걸 준비해야 하는가?

가장 기본적인 전공은 기상학과와 천문학과다. 그다음 자연계에서는 지질학과, 수학과, 통계학과, 그리고 인문계에서는 지리학과가 기상예보관과 연결된다. 관련 학과를 졸업하면 꼭 기상예보관이 아니더라도 국가재난처 같은 곳에 들어가 재난과 재해를 예측하고 방지하는 직업 등 다양한 직군에 종사할 수 있다.

수학머리 공부법

초판 1쇄 발행 2019년 3월 19일
초판 2쇄 발행 2020년 2월 28일

지 은 이 YTN 사이언스
펴 낸 이 권기대
펴 낸 곳 베가북스
총괄이사 배혜진
편   집 박석현
디 자 인 박숙희
마 케 팅 황명석, 연병선
경영지원 지현주

출판등록 2004년 9월 22일 제2015-000046호
주   소 (07269) 서울특별시 영등포구 양산로3길 9, 201호
주문 및 문의 (02)322-7241   팩스 (02)322-7242

ISBN 979-11-86137-93-2 13590

홈페이지 www.vegabooks.co.kr
블로그 http://blog.naver.com/vegabooks.do
인스타그램 @vegabooks   트위터 @VegaBooksCo   이메일 vegabooks@naver.com